DACQUOISE

達克瓦茲

分層全圖解

柳橙
達克瓦茲

柳橙
奶油醬

新鮮
柳橙切片

黑巧克力
甘納許

從零開始學

職人級配方 × 不失敗技巧

在家做出外酥內軟的甜蜜法式甜點

Prologue

國中時，我從賣場買回甜甜圈材料包，攪拌好麵團後用碗或杯子壓出造型，做出了甜甜圈，那是我第一次的烘焙經驗。我大概是無法忘記，聽到家人、朋友跟我自己說出「很好吃」時內心一陣酥麻的感覺，才選擇走上這條路。

尚未成立工作室時，我將用具裝在旅行箱裡到處參加地區活動的課程，也定期舉辦烘焙的聚會，這樣做了一段期間後，毅然決然創立了烘焙工作坊。因為那時年紀還小，所以來參加烘焙課程的人大多比我年長。大概是從那時起，比起張老師，大家會較親暱地稱呼我為「恩英老師」。現在回想起來，當時不僅有很多失誤，教學設備也不太好，所幸大家都很包容，才能盡情地開心製作。

後來我希望有更多人吃到我做的甜點，所以就開設了甜點咖啡店。因為一開始沒什麼客人，經常多送甜點給客人吃，或是自己吃掉剩餘的部分。但在常客們口耳相傳之後，現在有許多客人會上門消費。雖然周遭的親人朋友擔心客人變多之後我會太累，但即便如此，我依然覺得做這件事很幸福而樂在其中。在清晨一邊聽喜歡的音樂一邊製作甜點的每個瞬間是那麼美好。我希望大家也能透過這本書享受烘焙的過程，感受到親自製作美食及分享的喜悅。

通常在做某件事之前，我總是會顧慮太多而憂心，所以在接到出版社的提案後，我真的煩惱了許久。不過，達克瓦茲是我和店裡的客人們都很喜歡的甜點，而且過去也進行過很多相關課程，我覺得自己一定能寫出一本不錯的書。為了烘焙新手們著想，我在書中盡可能以簡單的方式說明，並且使用容易取得的材料。雖然很難一開始就做得完美，但若反覆練習，有一天會發現自己已經抓到訣竅。希望這本書能夠成為幫助大家更快抓到訣竅的指南。

真的很感謝給我這個機會的 ICOX 出版社朴尹善組長、在咖啡店一起工作的媽媽和哥哥、因為忙碌而有一段時間沒有好好陪伴的丈夫、長期以來看著我成長的學生們，以及購買這本書的所有人。希望大家都能平安健康。

張恩英

法國傳統甜點──達克瓦茲

「達克瓦茲（Dacquoise）」是表面酥脆、內層濕潤又柔軟的甜點。將砂糖加入蛋白後打發，使其發泡製成蛋白霜，再放入杏仁粉或榛果粉攪拌，進而烘烤製作而成。

達克瓦茲在法式甜點中屬於蛋白霜蛋糕（biscuits），經常被做為蛋糕的基底或夾層。其源自於法國西南部名為「達克斯（DAX）」的村落。據記載，從 1950 年起，蛋白霜蛋糕就開始被法國各地當成經典的蛋糕之一。現代甜點大師賈斯通‧雷諾特（Gaston Lenôtre）於週日彌撒結束後，也會和家人一起製作蛋白霜蛋糕。通常會將達克瓦茲烘焙成一個大圓，疊上水果和鮮奶油來享用。這種吃法傳遍法國各地。直到現在，在法國當地販售的達克瓦茲，依然是以製成蛋糕型態並被稱為「Succès」的產品為主。

而在日本、韓國常見的型態，則是在兩片橢圓形達克瓦茲中間填有奶油夾心，這其實是來自於日本師傅的改良。因為日本師傅的創新與發揚，達克瓦茲在日本變成一種很普遍的甜點，不管哪間糕點店幾乎都有販售。

雖說是來自於法國的甜點，但反而很難在法國看見類似餅乾型態的達克瓦茲，幾乎都被做成蛋糕，或者被使用在蛋糕基座。不知道是不是因為這個緣故，當我說正在撰寫達克瓦茲的專書時，認識的法國主廚覺得很神奇，我突然想起他那時說話的表情，真的很有意思。

最近在韓國，達克瓦茲變化出許多口味與多樣化的型態，變成備受矚目的人氣甜點，其話題性絲毫不亞於馬卡龍。我希望透過這本書，能讓更多人享受達克瓦茲的美味。

/ 本書使用方法

CLASS 01. 基礎烘焙課

這是為了烘焙初學者特別設計的課程。
在正式開始製作達克瓦茲之前，最好先
熟悉會使用到的用具和材料。尤其是
「烤箱」和「擠花袋」的使用方法，是
在製作達克瓦茲時最重要的部分，所以
一定要事先熟知才行。

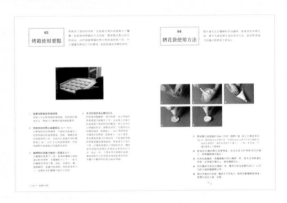

CLASS 02. 製作原味達克瓦茲

從本章正式開始達克瓦茲的烘焙課程。
如果是初次接觸達克瓦茲的人，可以按
照所介紹的簡易食譜，來練習原味達克
瓦茲的製作方法。一旦熟悉了基本製作
流程，就能夠輕易地做出本書中其他口
味與造型的達克瓦茲。

▶原味達克瓦茲可以活用於「焦糖榛果
　達克瓦茲（P60）」、「烤地瓜達克
　瓦茲（P84）」、「蘋果肉桂達克瓦
　茲（P108）」。

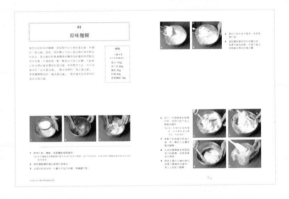

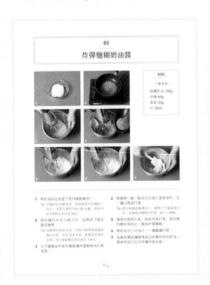

CLASS 03. 製作基本奶油餡

內餡是左右達克瓦茲風味的重要因素。夾在兩片達
克瓦茲中間的奶油醬，可用「炸彈麵糊」及「英式
蛋奶醬」做為基底來製作，按照達克瓦茲的口味選
擇合適的做法即可。如果是烘焙初學者，可參考本
書中主要使用的「炸彈麵糊奶油醬」食譜，以兩倍
用量的材料來練習製作方法。這是因為材料用量越
少，糖漿凝固的速度就會越快，製作時可能會較為
困難。

▶以炸彈麵糊為基底製成的原味奶油醬用於「咖啡
　拿鐵達克瓦茲（P92）」、「蘋果肉桂達克瓦茲
　（P108）」、「綜合莓果達克瓦茲（P112）」、
　「杏仁碎餅達克瓦茲（P120）」、「萊明頓蛋糕
　（P140）」。

CLASS 04. 高人氣的達克瓦茲食譜

本章會公開暨是「Cafe Jangssam」咖啡甜點店的人氣款，也是被列入經典的達克瓦茲食譜。除了奶油醬之外，還添加了甘納許、檸檬凝乳、水果、餅乾等多樣化餡料，增添達克瓦茲的風味。恩英老師將以簡單又易上手的方式來介紹這些飽受甜點愛好者讚譽的食譜做法。

列出該食譜需要的所有材料。為了方便區分，標示時將材料分類為「基底」、「奶油醬」、「甘納許」等等。

達克瓦茲基底的做法與「CLASS 02. 製作原味達克瓦茲」中介紹的內容相同。請參考標示的頁數。

通用的材料會使用黑色字標示，追加的材料以「＋」的符號標示，方便使用者備料。

請參考標示的頁數，按照追加材料的說明製作出達克瓦茲基底。

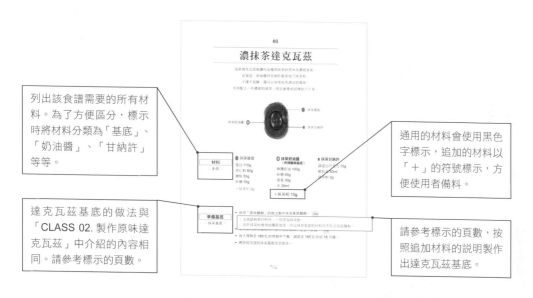

奶油醬的做法與「CLASS 03. 製作基本奶油餡」中介紹的內容相同。請參考所標示的頁數，按照說明完成奶油醬的製作。

將添加於不同達克瓦茲的各種餡料清楚且詳細地分段解說。

請依照說明，運用不同的花嘴與擠奶油醬的方法，將餡料與基底組合得更精緻漂亮。

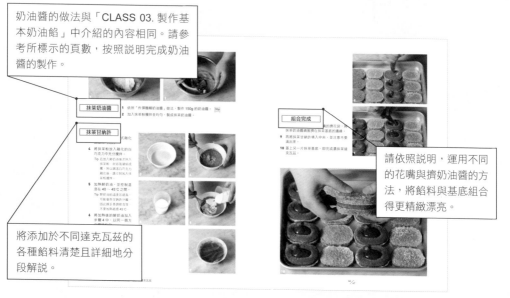

/ CONTENTS

CLASS 05.
精緻的達克瓦茲蛋糕

SPECIAL CLASS.
美味享用達克瓦茲的訣竅

CLASS 01

基礎烘焙課

01
必備用具

以下為大家介紹製作達克瓦茲時必備的用具。這些也是烘焙其他甜點時通用的基本工具。

篩網

所有粉類材料都需要使用篩網過濾。過篩後，粉末就不會結塊，更能與其他材料攪拌均勻，還能去除雜質，而且粉末間會包裹空氣，幫助甜點製品形成蓬鬆感。篩網也能用來過濾浸泡在牛奶或水中的茶葉。有不同尺寸，按照過篩材料的大小來挑選網格密度合適的篩網為佳。

刮刀

通常在攪拌麵糊時使用，有木製也有矽膠製的產品。在製作達克瓦茲時，使用耐熱且有彈性的矽膠刮刀較為方便。

不鏽鋼盆

混合麵糊或奶油醬時會用到的工具。製作蛋白霜時，可以使用較深的不鏽鋼盆；而將粉末攪拌至蛋白霜裡時，使用較寬淺的不鏽鋼盆為佳。

擠花袋

將達克瓦茲麵糊填入模具、使其成形，或擠各種奶油醬時使用。有布製且可重複使用的擠花袋，也有一次性的擠花袋。擠濃稠的麵糊時，使用布製的為佳。本書示範製作達克瓦茲時，主要使用 18 英吋的擠花袋，但只要尺寸不要過小，也可以選用差不多大小的就好。

溫度計

用來確認溫度是否正確的測量工具。使用探針溫度計時，要注意不要觸碰到鍋子的底部。

鐵氟龍烤盤布、矽膠烘焙墊、烘焙紙

烘烤前先鋪平於烤盤再擠麵糊，避免沾黏的工具。可使用一次性的烘焙紙，或是可經由洗滌重複使用、而且防沾黏性更佳的鐵氟龍烤盤布、矽膠烘焙墊。

電子秤

烘焙時一定要精準地測量，因此磅秤是必備用品。但若使用指針秤，很難精準判斷重量，所以最好選擇最小單位 1g 以下，最大承重量 2kg 或 3kg 的電子秤，可以一次測量大量的材料，較為便利。

804
圓形花嘴

195
花形花嘴

E6K
星形花嘴

刮板

用來整理達克瓦茲麵糊的表面，或是拿來刮除不鏽鋼盆內剩餘麵糊的工具。有多樣化的造型和材質，製作達克瓦茲時大多使用塑膠製的刮板。

花嘴

要將麵糊或奶油醬從擠花袋中擠出時，會將花嘴裝上擠花袋口來使用。有圓形、星形、齒狀等多樣化造型。每個花嘴都有產品編號，本書在示範達克瓦茲時大多使用 195 號（花形／曲奇花嘴）、804 號（圓形花嘴）、E6K 號（星形花嘴）。沒有相同型號可用類似造型與口徑的花嘴取代。

電動攪拌器

用來攪拌材料或快速打發蛋白霜和鮮奶油。選擇多段速的型號，在使用上會更加便利。雖說使用一般打蛋器也能打發蛋白霜或鮮奶油，但是需要耗費許多時間和力氣。再加上難以調節速度，容易打發過頭，使鮮奶油的質地變得粗糙，也很難做出濃稠的蛋白霜，因此建議烘焙初學者最好使用電動攪拌器。

達克瓦茲模具或烤盤

要讓達克瓦茲麵糊成形，需使用達克瓦茲模具做為輔助。模具材質有不鏽鋼與壓克力，且有心形、圓形、花瓣等多樣化的造型。雖然達克瓦茲大多使用橢圓形模具，但可以按照個人喜好使用其他造型的模具。若沒有模具，也可以將矽膠烘焙墊或一般烘焙紙鋪在烤盤上，然後使用擠花袋擠出麵糊來塑形。

02
基本材料

以下介紹製作達克瓦茲時需要的基本材料，以及製作多種口味的餡料時會用到的各式各樣副材料。使用品質好的材料做出的成品，才能呈現最完美的滋味，所以建議在每次需要時少量購買，以確保材料新鮮，避免開封後久放而變質。

杏仁粉
製作達克瓦茲時最重要的必備材料。請使用無添加麵粉的細粉狀杏仁粉，將其密封後放入冰箱冷藏或冷凍保存。外觀呈現杏色的杏仁粉品質較好，若色澤偏黃或是發出油耗味，就代表已經放太久。

蛋白
主要是用來製作蛋白霜。若混入蛋黃，就無法打發成穩定的蛋白霜，所以一定要將蛋白和蛋黃乾淨地分離，並使蛋白溫度維持在適合打發的低溫。使用新鮮的雞蛋較佳，打發蛋白之前，再將雞蛋從冰箱裡取出來使用。

奶油
奶油分為無鹽奶油、含鹽奶油、發酵奶油。本書中示範使用的是法國鐵塔牌（Elle&Vire）無鹽奶油。製作奶油醬的 30 分鐘前，要先將奶油從冰箱取出退冰，軟化後再使用。製作達克瓦茲時會添加各種奶油醬，使用品質較好的奶油，整體才會美味。

糖粉
研磨砂糖製成，分為「含有少量玉米粉的糖粉」和「100% 砂糖製成的糖粉」。含有玉米粉的產品不會凝結成粒，保存起來較為方便。

鮮奶油
與添加植物性油脂製成且較易打發的植物性鮮奶油相比，使用動物性鮮奶油做出來的成品，味道和口感都較佳。

低筋麵粉
麵筋及蛋白質含量最低的麵粉，經常用來製作酥脆的餅乾或蛋糕。

果泥

水果添加糖分後製成膏狀，散發出濃郁的果香。果泥需冷凍保存，因此在使用前要先回溫解凍。本書中使用的是法國保虹（BOIRON）果泥。

調溫巧克力

巧克力分為黑巧克力、牛奶巧克力、白巧克力等，隨著可可成分含量的不同，甜度和香氣也不一樣，依照個人的喜好選擇使用即可。本書中選用風味佳且不含植物性油脂的調溫巧克力。

香草莢

香草風味的來源。新鮮的香草莢，莖較粗且濕潤。使用時割開香草莢，用刀背將籽刮出即可。建議密封後冷凍保存，避免香氣揮發或乾燥。

奶油起司和馬斯卡彭起司

在種類多元的起司中，香氣濃郁的奶油起司及含有濃厚奶香的馬斯卡彭起司適合用來製作達克瓦茲。可以添加在奶油醬中，或者直接切片夾入達克瓦茲裡。

利口酒

在白蘭地中添加香氣、糖、色素等製成。可以提升甜點的味道和香氣。種類繁多，包含基本的蘭姆酒、添加柳橙香的君度橙酒、含有濃郁咖啡香的卡魯哇咖啡香甜酒以及醃製櫻桃時使用的櫻桃酒等。

03
烤箱使用要點

即使用了很好的材料，且經過完美的流程做出了麵糊，但若使用烤箱的方式有誤，還是無法製出好吃的成品。由於每個烤箱的熱分佈和強度都不同，所以建議先熟知以下的事項，並測試過後再開始烘焙。

1　**推薦初學者使用電烤箱**
　　烤箱分為瓦斯烤箱和電烤箱。對烘焙初學者而言，熱能均勻傳遞的電烤箱較實用。

2　**烤箱預熱時需比食譜高出 10 ～ 15℃**
　　打開預熱好的烤箱時，外部的空氣會流入而使烤箱內的溫度降低。因此，建議在使用烤箱烤焙之前，先設定比食譜所寫的還要高上 10 ～ 15℃ 左右的溫度預熱，然後再調整到食譜指示的溫度來烘焙。

3　**麵糊塑形時盡可能統一高度及大小**
　　若麵糊的高度不一致，較高的麵糊上端就會比較快烤熟。若麵糊的大小不一，較大的麵糊容易烤不熟。因此，在擠出一個一個麵糊時，需盡可能維持一致的高度和大小，這樣所有的麵糊才能均勻受熱。

4　**多次的測試是必要的功夫**
　　即使是同個廠牌、相同型號，每台烤箱的熱度還是可能稍有不同，且食譜上所指示的溫度都不是絕對性的數值，務必依照自己烤箱的狀況，調整後使用。若覺得成品的顏色過深，就調低 5 ～ 10℃ 再烤烤看；若覺得沒有熟透，就調高 5 ～ 10℃ 看看。像這樣經過幾次的測試後，才能確認烤箱的熱度是偏強還是偏弱，熱氣是否分布均勻等，正確地掌握自己烤箱的狀況。隨時使用烤箱用溫度計來確認也是很好的方法。如此一來，不管參考什麼樣的食譜，都能搭配自己的烤箱來增減溫度和時間。本書中示範使用的是 UNOX 烤箱。

<table>
<tr><td>

04

擠花袋使用方法

</td><td>

製作達克瓦茲麵糊和奶油醬時,都會使用到擠花袋。請多多練習擠花袋的使用方法,直到熟悉施力的適中程度和手感為止。

</td></tr>
</table>

1 剪掉擠花袋底端約 **1cm**,形成一個開口後,裝上花嘴並固定。

   Tip.若一開始剪掉太多擠花袋,容易因為洞口過大而使花嘴脫落,
   因此在裁剪時,請對照使用的花嘴大小,一點一點剪裁,也一
   邊試著裝上花嘴看看。

2 將裝好花嘴的擠花袋撐開後,固定在馬克杯等較深的容器
   上,再將麵糊填充進去。

3 利用刮板輔助,將麵糊集中到花嘴那一側,使其呈現飽滿的
   狀態。記得讓花嘴向上,避免麵糊流出。

4 用非慣用手抓住花嘴那一側,慣用手抓住旋緊的袋口,以均
   勻的力道將麵糊擠出來。

5 擠出所要的形狀後,慣用手不再施力,稍微折斷麵糊尾端後,
   將擠花袋往上提,收尾。

製作原味達克瓦茲

01

原味麵糊

達克瓦茲的成功關鍵，就是製作出完美的蛋白霜。所謂的「蛋白霜」是指，將砂糖分次加入蛋白裡打發後製成的成品。蛋白霜的狀態會隨著砂糖添加的量和時間點而有所改變，打發時要一點一點地分次加入砂糖，才能做出有光澤且富有彈性的蛋白霜。按照製作方法，可分為基本的「法式蛋白霜」、隔水加熱的「瑞士蛋白霜」、熬煮糖漿製成的「義式蛋白霜」。製作達克瓦茲使用的是法式蛋白霜。

材料

：分量 8 個

（使用 16 連橢圓模具）：

蛋白 110g
杏仁粉 80g
糖粉 55g
砂糖 40g
低筋麵粉 10g

1 將杏仁粉、糖粉、低筋麵粉過篩備用。
　 Tip.若不鏽鋼盆或電動攪拌器內有油分或水分殘留，就不容易發泡，因此須將不鏽鋼盆擦拭乾淨並晾乾後再使用。

2 使用電動攪拌器以高速打發蛋白。

3 出現白色泡沫時，少量分次加入砂糖，再繼續打發。

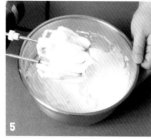

4 蛋白打至約 8 分發時，改用低速打發。

5 提起攪拌器時若形成彎勾狀，為硬性發泡狀態，代表已經完成細緻且穩定的蛋白霜。

6 放入一半過篩後的粉類材料，用刮刀由下往上輕輕地翻拌。
　　Tip.加入粉類時若過度攪拌，容易導致蛋白霜消泡、形狀塌掉。

7 將剩下的粉類材料加入後，用一樣的方法攪拌製成麵糊。

8 完成的麵糊會呈現堅挺有力的模樣，且表面具有光澤感。

9 將裝上圓形花嘴的擠花袋置入圓桶狀容器中，再小心地裝入麵糊。

使用模具塑形

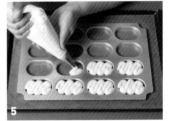

1　事先將水塗抹於達克瓦茲模具上備用,以利麵糊容易脫模。
　　Tip. 使用噴霧瓶噴水會更便利。

2　使用擠花袋將麵糊填入模具的凹槽內,盡可能填滿,不要留下縫隙。

3　若想製作表面平整的基本型達克瓦茲,這時候可使用刮板刮除多餘的麵糊,將表面整理乾淨。
　　Tip. 如果用刮板刮太多次,麵糊會消泡塌陷,
　　　　請盡量以最少的次數來整理。

4　若想製作表面隆起的達克瓦茲,就不要整平表面,而是厚實地填滿麵糊。

5　若想製作波浪狀的達克瓦茲,就省略掉整理的步驟。

6　擠完麵糊後,緩緩地將模具往上提起,使麵糊脫模。

7　如果麵糊邊緣不平整,可用手指沾水稍微整理一下。

使用烘焙紙塑形

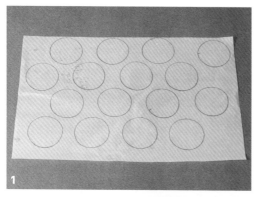

1 在烘焙紙上印製或繪製所需的造型。
　　Tip.可將本書附錄的紙型剪下來使用。

2 將繪製好造型的烘焙紙平鋪在烤盤上，按
　　照造型輪廓以同等大小擠出麵糊。
　　Tip.在沒有模具的狀況下擠麵糊時，要盡量控
　　　　制在統一的高度和造型。因為盛裝在同一
　　　　個烤盤的麵糊大小必須相似，這樣放入烤
　　　　箱烘烤時，才能均勻地烤熟。

03

烘烤與出爐

1 使用篩網將糖粉均勻地撒在達克瓦茲麵糊上層。

    Tip.若糖粉撒得過少，水分就會流失，達克瓦茲的造型可能會塌陷，所以須均勻且達一定厚度地撒粉。

2 初次撒上去的糖粉會滲入麵糊中，所以要再次均勻地撒粉。

    Tip.糖粉會在達克瓦茲表面形成一層膜，藉此鎖住達克瓦茲內部的水分。

3 將麵糊放入以 180°C 預熱好的烤箱中，置於中下層，並以 165°C 烘烤 16 分鐘。（若麵糊表面沒有經過整理，且厚度超過模具高度，必須延長烘烤時間為 17 ～ 18 分鐘。）

    Tip.為了避免打開烤箱時熱度降低，請用高出烘焙溫度 10 ～ 15°C 的溫度預熱。

    Tip.若在達克瓦茲烘焙的過程中打開烤箱，麵糊就會塌陷，因此請勿在中途打開烤箱。

4 將烘烤完成的達克瓦茲暫時留在鐵氟龍烤盤布（或烘焙紙）上，直到確認完全冷卻才移出。

    Tip.若在達克瓦茲冷卻前就移動它，可能會破壞造型，因此待完全冷卻之後再取下來。

不同造型的達克瓦茲

01

填入橢圓形模具後整平表面

02

填入圓形模具後整平表面

03

厚實地填入橢圓形模具後不整平表面

04

以波浪狀擠入橢圓形模具

05

不使用模具而在烘焙紙上擠出圓形

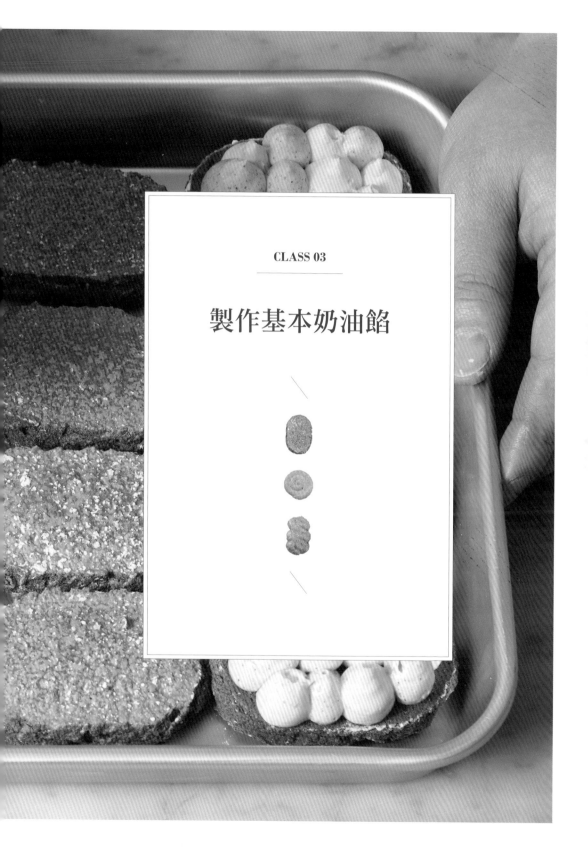

CLASS 03

製作基本奶油餡

炸彈麵糊基底 VS 英式蛋奶醬基底

達克瓦茲內餡使用的奶油醬有兩種製作方法，分別是以「炸彈麵糊」和「英式蛋奶醬」為基底，再依照口味調整而成。炸彈麵糊基底是把加熱的糖漿倒入蛋黃裡，將蛋黃殺菌後製成。而英式蛋奶醬基底則是將熱牛奶和蛋黃直接加熱製成。這兩種做法製作出來的奶油醬，質地和風味有所不同，本書中將其分別稱為「炸彈麵糊奶油醬」和「英式奶油醬」。

炸彈麵糊奶油醬的質地紮實，優點是容易塑形。英式奶油醬內含牛奶，風味溫和為其優點。特別是使用到需將紅茶葉或香草莢等材料加入水中沖泡的口味時，以英式蛋奶醬為基底製成的英式奶油醬，更能將材料原有的深層香味展現出來。

本書中介紹的奶油醬食譜，大部分是以 8 個達克瓦茲所需的分量為基準來製成。不過如果是烘焙初學者，建議使用比奶油醬食譜還多一倍的材料量來製作。這是因為煮滾的糖漿分量較少時，凝固的速度會很快，製作時的困難度較高。

01

炸彈麵糊奶油醬

材料

: 分量 8 個 :

無鹽奶油 100g
砂糖 45g
蛋黃 30g
水 30ml

1 將奶油放在室溫下等待變軟備用。

　　Tip.冷藏的奶油硬度高，直接使用不好攪拌，因此一定要在製作前約 30 分鐘，將奶油從冰箱取出放在室溫中。

2 將砂糖和水放入鍋子中，加熱到 118°C 製成糖漿。

　　Tip.若糖漿的溫度太低，就無法發揮為蛋黃殺菌的效果，但若溫度太高，蛋黃容易凝固結塊，因此請確實加熱至剛好 118°C。

3 在不鏽鋼盆中使用電動攪拌器輕輕地打散蛋黃。

4 將糖漿一點一點地分次加入蛋黃液中，並一邊以高速打發。

　　Tip.請沿著鋼盆邊緣倒入，糖漿才不會噴濺出來。加熱後的糖漿非常燙，請小心燙傷。

5 糖漿全都倒入後，降至中速打發，直到質地變光滑為止，製成炸彈麵糊。

6 將奶油分三次加入，一邊繼續打發。

7 為避免鋼盆邊緣殘留沒有攪拌到的奶油，最後用刮刀均勻地攪拌後收尾。

02

英式奶油醬

材料

∶ 分量 8 個 ∶

無鹽奶油 100g
牛奶 70ml
砂糖 35g
蛋黃 25g

1 在製作前約 30 分鐘，將奶油從冰箱取出，放在室溫中待變軟備用。

2 在不鏽鋼盆中用打蛋器輕輕地打散蛋黃。

3 放入砂糖攪拌至呈現奶油色。

4 將牛奶加熱至鍋子邊緣稍微冒泡後，緩緩地倒入鋼盆中攪拌。

 Tip.牛奶若煮太久，就會生成蛋白膜，所以大約加熱至 45°C 即可。

5 再次放入鍋子中，以小火加熱至 82°C，並一邊用刮刀攪拌均勻。

 Tip.若沒有均勻攪拌，可能會生成顆粒。

6 持續加熱到質地變濃稠，用刮刀刮過底部時，約可將液體分為兩半即可。

7 移開火源後，放在冰水上降溫，一邊攪拌到溫度降至 25°C，製成英式蛋奶醬。

8 將奶油放入另一個不鏽鋼盆中，以電動攪拌器充分打軟。

9 將英式蛋奶醬少量地分次加入奶油中打發即完成。

 Tip.若英式蛋奶醬拌入奶油時的溫度過高，製成的奶油醬濃度就會太稀，請確認溫度已降為 25°C 後，再加入奶油中攪拌。

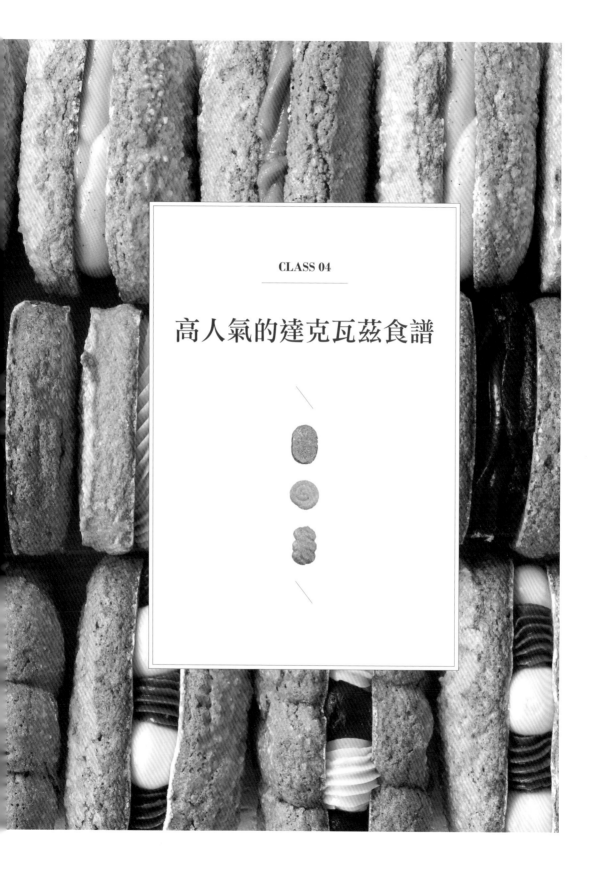

高人氣的達克瓦茲食譜

達克瓦茲的構造

達克瓦茲的構造類似於馬卡龍,將奶油醬塗抹於一片達克瓦茲基底上,然後再覆蓋另一片。不過除了奶油醬之外,還可以按照喜好搭配甘納許等多樣化的餡料。本書中將會介紹多達 25 種的達克瓦茲食譜,是由 20 種達克瓦茲基底、23 種奶油醬、4 種甘納許以及其他各式各樣的餡料組合製成。當大家開始熟習技法後,也可以嘗試依照自己喜歡的口味組合出專屬自己的食譜。

餅乾

甘納許

達克瓦茲基底

奶油醬

開始介紹食譜之前

在進入恩英老師的達克瓦茲烘焙課之前，請先熟知以下內容。

1 本書介紹的是備受許多甜點愛好者們喜愛的恩英老師的達克瓦茲食譜。雖然總共是 25 個食譜，但可以靈活運用其中多樣化的基底、奶油醬、甘納許、餡料等，組合出無數種的食譜，也能製作出塗抹單一口味奶油醬或甘納許的達克瓦茲。請按照個人喜好來應用食譜。

2 本章將會介紹 20 種達克瓦茲基底。製作的基本程序與「CLASS 02. 製作原味達克瓦茲」中介紹的內容相同。每種基底追加的材料和相關的製作程序都會在食譜中加以說明。

3 本章將會介紹 23 種達克瓦茲奶油醬。製作奶油醬的基本程序與「CLASS 03. 製作基本奶油餡」中介紹的內容相同。每種奶油醬追加的材料和相關的製作程序都會在食譜中搭配圖片加以說明。

4 本章介紹的食譜都以 8 個達克瓦茲的分量為基準。不過如果是烘焙初學者，在製作時建議使用多一倍的材料量來製作。這是因為在製作奶油醬時，煮滾的糖漿分量越少，凝固的速度就會越快，會增加製作上的困難度。

濃抹茶達克瓦茲

這款達克瓦茲能讓你品嚐到抹茶的苦味及濃郁香氣，
從基底、奶油醬到甘納許都添加了抹茶粉，
不僅不甜膩，還可以享受抹茶清淡的風味。
若再配上一杯濃郁的綠茶，肯定會變成很棒的下午茶。

抹茶基底

抹茶奶油醬

抹茶甘納許

材料	● 抹茶基底	◐ 抹茶奶油醬 （炸彈麵糊基底）	◖ 抹茶甘納許
：8 個：	蛋白 110g	無鹽奶油 100g	調溫白巧克力 70g
	杏仁粉 80g	砂糖 45g	鮮奶油 50ml
	糖粉 55g	蛋黃 30g	抹茶粉 3g
	砂糖 35g	水 30ml	
	＋抹茶粉 3g	＋抹茶粉 10g	

準備基底	
：抹茶基底：	• 依照「原味麵糊」的做法製作抹茶基底麵糊。 26p
	：在過篩粉類材料時，一同添加抹茶粉。
	：由於抹茶粉會增加麵筋強度，所以抹茶基底的材料中不包含低筋麵粉。
	• 使用擠花袋將麵糊填入達克瓦茲模具中並整平表面。 28p
	• 放入預熱至 180℃ 的烤箱中下層，調低至 165℃ 烘焙 16 分鐘。
	• 將烘焙完成的抹茶基底完全放涼。

| 抹茶奶油醬 | **1** | 依照「炸彈麵糊奶油醬」做法，製作 150g 的奶油醬。 | 35p |
| | **2** | 加入抹茶粉攪拌至均勻，製成抹茶奶油醬。 | |

抹茶甘納許

3 以隔水加熱的方式融化調溫白巧克力。

4 將抹茶粉放入融化的白巧克力中充分攪拌。

Tip. 若加入鮮奶油後才拌入抹茶粉，就容易凝結成團，所以調溫白巧克力融化後，請立刻加入抹茶粉攪拌。

5 加熱鮮奶油，並控制溫度在 40 ～ 45℃ 之間。

Tip. 鮮奶油的溫度若過高，可能會與甘納許分離，因此請妥善調節溫度，不要加熱超過 45℃。

6 將加熱後的鮮奶油加入步驟 4 中，以同一個方向攪拌均勻。

7 用保鮮膜封住容器，放涼後再使用。

Tip. 如果為了使甘納許快速冷卻而直接放入冰箱，可能會使其中一部分先凝結成顆粒。因此放置於室溫中數小時，等其狀態自然變濃稠後再使用，是比較好的方法。

組合完成

8　使用裝上 195 號花形花嘴的擠花袋,將抹茶奶油醬繞圈擠在抹茶基底的邊緣。

9　再將抹茶甘納許填入中央,並注意不要滿出來。

10　蓋上另一片抹茶基底,即完成濃抹茶達克瓦茲。

02

格雷伯爵茶達克瓦茲

格雷伯爵茶屬於調味紅茶，是英式下午茶的經典代表。
用浸泡過的茶葉去製成達克瓦茲的奶油醬和甘納許，
一口咬下時便能感受到紅茶的濃醇茶香。
製作時如果沒有紅茶茶葉，也可用紅茶茶包取代。

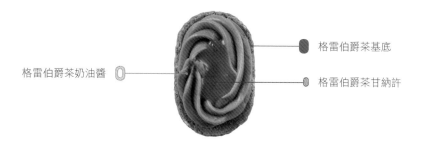

格雷伯爵茶基底

格雷伯爵茶奶油醬

格雷伯爵茶甘納許

材料	● 格雷伯爵茶基底	◉ 格雷伯爵茶奶油醬（英式蛋奶醬基底）	◉ 格雷伯爵茶甘納許
: 8 個 :	蛋白 110g	無鹽奶油 100g	調溫牛奶巧克力 60g
	杏仁粉 80g	牛奶 100ml	鮮奶油 50ml
	糖粉 55g	砂糖 35g	紅茶茶葉 3g
	砂糖 35g	蛋黃 25g	
	低筋麵粉 10g		
	＋紅茶粉 5g	＋紅茶茶葉 10g	

準備基底

: 格雷伯爵茶基底 :

- 依照「原味麵糊」的做法製作格雷伯爵茶基底麵糊。　26p
  : 在過篩粉類材料時，一同添加紅茶粉。
  : 紅茶茶葉須磨碎成粉狀後再使用，若是使用茶包，則將茶包袋撕開後取出裡面的茶葉使用。

- 使用擠花袋厚實地將麵糊填入達克瓦茲模具中。　28p

- 放入預熱至 180°C 的烤箱中下層，調低至 165°C 烘焙 18 分鐘。

- 將烘焙完成的格雷伯爵茶基底完全放涼。

格雷伯爵茶奶油醬

1 加熱牛奶至 45℃ 後，放入紅茶茶葉浸泡，使其味道釋出，再用篩網過濾備用。

    Tip.使用篩網過濾牛奶和紅茶茶葉後，牛奶的量會減少，所以一開始牛奶的用量要比一般食譜的分量還多。

2 使用步驟 1 的成品與其他材料，依照「英式奶油醬」做法，製作 150g 的奶油醬。 36p

格雷伯爵茶甘納許

3 隔水加熱調溫牛奶巧克力，使其融化，或以微波爐加熱。

    Tip.使用微波爐加熱調溫巧克力時，須分次加熱至融化，每次約 20～30 秒，以免燒焦。

4 將鮮奶油加熱至 40～45℃ 後，放入紅茶茶葉浸泡 5 分鐘，再以篩網過濾至融化的牛奶巧克力中。

5 請以同一方向均勻地攪拌至質地光滑。

6 攪拌完成後，用保鮮膜封住容器後放涼。

組合完成

7 使用裝上 E6K 號星形花嘴的擠花袋,將格雷伯爵茶奶油醬繞圈擠在格雷伯爵茶基底的邊緣。

8 再將格雷伯爵茶甘納許填入中央,並注意不要滿出來。

9 蓋上另一片格雷伯爵茶基底,即完成格雷伯爵茶達克瓦茲。

03

香草達克瓦茲

這是一款可以品嚐到高品質香甜滋味的達克瓦茲。

將鮮奶油和香草籽拌勻在調溫白巧克力中，滋味既單純又柔和，

若喜歡更濃郁的香草味，就連同香草豆莢一同加入鮮奶油中加熱。

香草奶油醬

香草基底

香草甘納許

材料	🔘 香草基底	🔘 香草奶油醬 （英式蛋奶醬基底）	🔘 香草甘納許
：8 個：	蛋白 110g	無鹽奶油 100g	調溫白巧克力 70g
	杏仁粉 80g	牛奶 70ml	鮮奶油 50ml
	糖粉 55g	砂糖 35g	香草莢 1/2 枝
	砂糖 40g	蛋黃 25g	
	低筋麵粉 10g		
	＋香草莢 1 枝	＋香草莢 1 枝	

準備基底

：香草基底：

- 依照「原味麵糊」的做法製作香草基底麵糊。 26p
  ：香草莢用刀剖開後，用刀背刮下內側的籽，在過篩粉類材料時一同加入。
  ：香草籽和粉類要用手指搓揉混合，才能避免結塊。

- 使用擠花袋均厚地將麵糊填入達克瓦茲模具中。 28p

- 放入預熱至 180°C 的烤箱中下層，調低至 165°C 烘焙 18 分鐘。

- 將烘焙完成的香草基底完全放涼。

香草奶油醬

1 香草莢用刀剖開後，用刀背刮下內側的籽備用。在牛奶加熱時，將香草籽與豆莢一起放進去煮，之後再取出豆莢。

2 依照「英式奶油醬」做法，製作 150g 的奶油醬。 36p

香草甘納許

3 隔水加熱調溫白巧克力，使其融化，或以微波爐加熱。

Tip.使用微波爐加熱調溫巧克力時，須分次加熱至融化，每次約加熱 20 ～ 30 秒，以免燒焦。

4 將香草莢用刀剖開後，用刀背刮下內側的籽，放入鮮奶油裡加熱至 40 ～ 45°C，再分次一點一點地加入融化的白巧克力中，並以同一方向攪拌。

5 攪拌至質地光滑後，用保鮮膜封住容器後放涼。

組合完成

6 使用裝上 804 號圓形花嘴的擠花袋,將香草奶油醬繞圈擠在香草基底的邊緣。

7 再將香草甘納許填入中央,並注意不要滿出來。

8 蓋上另一片香草基底,即完成香草達克瓦茲。

04

薑汁檸檬達克瓦茲

能品嚐到清新的檸檬香和讓人擁有好心情的薑辣味，
生薑特有的香味不會讓人感到負擔，與檸檬醬的酸甜非常協調。
由於檸檬醬含有豐富水分，建議在兩日內食用完畢。

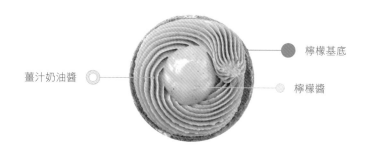

檸檬基底

薑汁奶油醬

檸檬醬

材料	● 檸檬基底	◎ 薑汁奶油醬 （英式蛋奶醬基底）	◎ 檸檬醬
：8 個：	蛋白 110g	無鹽奶油 100g	雞蛋 100g
	杏仁粉 80g	牛奶 70ml	無鹽奶油 50g
	糖粉 55g	砂糖 35g	檸檬汁 50ml
	砂糖 40g	蛋黃 25g	砂糖 40g
	低筋麵粉 10g		香草莢 1/2 枝
	＋檸檬皮屑 5g	＋生薑 5g	

準備基底

：檸檬基底：

- 依照「原味麵糊」的做法製作檸檬基底麵糊。 26p
  ：使用刨絲器將檸檬皮刨成檸檬皮屑。
  ：在過篩粉類材料後，添加檸檬皮屑一同攪拌。
  ：檸檬皮屑呈酸性，一定要和粉類拌勻後再拌入蛋白霜中，蛋白霜才不會沉澱。

- 使用擠花袋將麵糊填入圓形模具中並整平表面。 28p

- 放入預熱至 180°C 的烤箱中下層，調低至 165°C 烘焙 16 分鐘。

- 將烘焙完成的檸檬基底完全放涼。

薑汁奶油醬

1 把生薑削成薄片後，於加熱牛奶的過程中一同加入再過濾。依照「英式奶油醬」做法，製作 150g 的奶油醬備用。 36p

檸檬醬

2 事先將香草莢用刀剖開後，用刀背刮下內側的籽。將雞蛋、砂糖、檸檬汁和香草籽放入鍋子中，充分混合後加熱。
　Tip.香草莢可以去除雞蛋的腥味。若對雞蛋的腥味很敏感，可以增加香草莢的用量。

3 一邊以小火加熱一邊持續攪拌至質地變得濃稠。

4 煮成濃稠狀時，放入奶油一同攪拌。

5 奶油攪拌融化後，倒入篩網中過濾成綿滑的狀態。
　Tip.檸檬醬會因熟雞蛋而結塊或過於濃稠，因此須用篩網過濾。

6 用保鮮膜緊密覆蓋後放涼。
　Tip.若沒有使用保鮮膜將檸檬醬密封起來，就會因為檸檬醬的熱氣而生成水氣，或者跟空氣接觸而變得乾燥。

組合完成   **7** 使用裝上 195 號花形花嘴的擠花袋,將薑汁奶
油醬繞圈擠在檸檬基底的邊緣。

8 再將檸檬醬填入中央,並注意不要滿出來。

9 接著蓋上另一片檸檬基底,即完成薑汁檸檬達
克瓦茲。

05

焦糖榛果達克瓦茲

在柔軟的焦糖奶油醬上，添加炒得酥脆的榛果和香甜的焦糖醬，
做出富有卡滋口感、擁有極品美味的焦糖榛果達克瓦茲。
如果喜歡不同的堅果，也可以嘗試自己做變化。

原味基底

焦糖奶油醬

焦糖榛果

焦糖醬

材料	原味基底	焦糖奶油醬 （炸彈麵糊基底）	焦糖榛果	焦糖醬
: 8 個 :	蛋白 110g 杏仁粉 80g 糖粉 55g 砂糖 40g 低筋麵粉 10g	無鹽奶油 100g 砂糖 45g 蛋黃 30g 水 30ml ＋焦糖醬 75g 　鹽 0.2g	榛果 300g 砂糖 75g 水 25ml 無鹽奶油 10g	砂糖 100g 鮮奶油 100ml

準備基底

: 原味基底 :

- 依照「原味麵糊」的做法製作原味基底麵糊。 26p
- 使用擠花袋以波浪狀將麵糊填入達克瓦茲模具內。 28p
- 放入預熱至 180°C 的烤箱中下層，調低至 165°C 烘焙 17 分鐘。
- 將烘焙完成的原味基底完全放涼。

焦糖奶油醬

1 依照「炸彈麵糊奶油醬」做法，製作 150g 的奶油醬。再將焦糖醬和鹽放入奶油醬中混合均勻。 35p

　　Tip. 在這步驟中使用的焦糖醬，是將第 63 頁中製作的焦糖醬另外分裝 75g 來使用。

焦糖榛果

2 將砂糖和水放入鍋子中，煮滾至砂糖融化。

　　Tip. 使用比材料量還要大的鍋子會比較方便。

3 放入榛果充分攪拌混合後，原本融化的糖漿會凝固而化為白色的結晶體。

4 再繼續加熱使結晶的白色砂糖融化，當整體顏色轉為咖啡色時，熄火並放入奶油攪拌至融合。

　　Tip. 持續加熱結晶的白色砂糖時，為避免燒焦，必須快速且均勻地攪拌。

5 將焦糖榛果均勻地鋪放在鐵氟龍烤盤布（或烘焙紙）上冷卻。

　　Tip. 待焦糖榛果完全放涼後，裝入密封容器中保存。

　　Tip. 使用其他堅果來製作時，運用同樣的做法裹上焦糖即可。

焦糖醬

6 鮮奶油以隔水加熱或微波的方式稍微加熱
至溫熱的程度後備用。

   Tip.若直接使用剛從冰箱拿出來的鮮奶油，在加
     入糖液的過程中可能會因溫差大而噴濺出
     來，所以鮮奶油務必先加熱後再放入。

7 將砂糖放入較大的鍋子中，加熱至變成琥
珀色。

8 再將鮮奶油一點一點地加入，並充分混合
均勻。

   Tip.此時產生的蒸氣非常燙，建議製作過程中穿
     戴手套較安全。

9 再滾煮 1 分鐘，質地變得濃稠後熄火並放
涼，焦糖醬就完成了。

   Tip.從完成的焦糖醬中取出 75g，在第 62 頁製
     作焦糖奶油醬時使用。剩下的焦糖醬則用在
     第 64 頁的組合步驟。

10 使用裝上 195 號花形花嘴的擠花袋，將焦糖奶油醬以波浪狀擠滿在原味基底上。

11 將焦糖醬裝入擠花袋中，袋口剪開一個小洞，以波浪狀擠在焦糖奶油醬上方。

　　Tip.焦糖醬務必充分冷卻後再使用，以免焦糖奶油醬遇熱融化。

12 平均地擺上焦糖榛果。

13 為固定覆蓋於上方的原味基底，在焦糖榛果上方再擠上適量的焦糖奶油醬。

14 蓋上另一片原味基底，即完成焦糖榛果達克瓦茲。

06

OREO 卡門貝爾達克瓦茲

大人小孩都愛的 Oreo 餅乾，無論搭配什麼甜點都很適合，
因此這次也嘗試把 Oreo 餅乾夾進達克瓦茲中。
內餡還添加了卡門貝爾奶油醬，風味和 Oreo 餅乾非常協調。
這款達克瓦茲也是恩英老師最喜歡的口味。

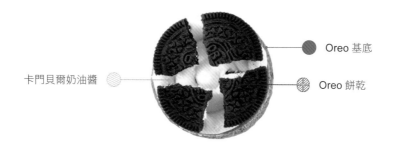

卡門貝爾奶油醬

Oreo 基底

Oreo 餅乾

材料	● **Oreo 基底**	◯ 卡門貝爾奶油醬 （炸彈麵糊基底）	◉ **Oreo 餅乾**
：8 個：	蛋白 110g	無鹽奶油 100g	Oreo 餅乾 適量
	杏仁粉 80g	砂糖 45g	
	糖粉 55g	蛋黃 30g	
	砂糖 40g	水 30ml	
	低筋麵粉 10g		
	＋ Oreo 餅乾 15g	＋卡門貝爾乳酪 150g	

準備基底

：Oreo 基底：

- 依照「原味麵糊」的做法製作 Oreo 基底麵糊。 26p
  ：將 Oreo 餅乾打成碎粉，在過篩粉類材料時一同加入。
  ：加入 Oreo 粉的麵糊，容易過稀而變軟，所以要快速攪拌混合。

- 使用擠花袋將麵糊填入圓形模具中並整平表面。 28p

- 放入預熱至 180℃ 的烤箱中下層，調低至 165℃ 烘焙 16 分鐘。

- 將烘焙完成的 Oreo 基底完全放涼。

卡門貝爾奶油醬

1 依照「炸彈麵糊奶油醬」做法，製作 150g
的奶油醬。　35p

2 使用電動攪拌器將卡門貝爾乳酪充分打軟。
Tip.可按照個人喜好使用奶油起司取代卡門貝爾
乳酪。

3 將卡門貝爾乳酪一點一點地分次加入奶油
醬中混合均勻。

Oreo 餅乾

4 將 Oreo 餅乾剝成合適的大小。
Tip.如果使用擀麵棍等工具打碎 Oreo 餅乾，就
會產生過多粉屑而變得髒亂，所以直接用手
剝開會比較好。

組合完成

5 使用裝上 804 號圓形花嘴的擠花袋，以原味基底的中心點為圓心，繞圓擠上卡門貝爾奶油醬。

6 再擺上 Oreo 餅乾碎片。

7 為固定覆蓋於上方的原味基底，在 Oreo 餅乾上方再擠上適量的卡門貝爾奶油醬。

8 蓋上另一片原味基底，即完成 Oreo 卡門貝爾達克瓦茲。

07

芒果起司達克瓦茲

喜歡奶油起司的人，一定會愛上這款達克瓦茲。

這可是香濃柔軟的奶油起司與香甜的芒果奶油醬的夢幻組合。

芒果奶油醬

原味基底

奶油起司

材料	● 原味基底	● 芒果奶油醬	奶油起司
：8 個：	蛋白 110g	（炸彈麵糊基底）	奶油起司 適量
	杏仁粉 80g	無鹽奶油 100g	
	糖粉 55g	砂糖 45g	
	砂糖 40g	雞蛋 30g	
	低筋麵粉 10g	水 30ml	
		＋芒果泥 50g	

準備基底

：原味基底：

- 依照「原味麵糊」的做法製作原味基底麵糊。　26p
- 使用擠花袋以波浪狀將麵糊填入達克瓦茲模具內。　28p
- 放入預熱至 180℃ 的烤箱中下層，調低至 165℃ 烘焙 17 分鐘。
- 將烘焙完成的原味基底完全放涼。

芒果奶油醬

1 依照「炸彈麵糊奶油醬」做法,製作 150g 的奶油醬。　35p

2 將芒果泥一點一點地分次加入並混合均勻。

Tip.為了能充分混拌芒果泥和奶油醬,避免兩者分離,芒果泥要事先從冰箱取出放置在室溫中,變成常溫後再使用。

奶油起司

3 完成原味基底和芒果奶油醬後,再從冰箱取出奶油起司,並切成四方形薄片。

Tip.奶油起司放在室溫下會開始融化,沒辦法切成工整的塊狀,所以請在準備組合達克瓦茲之前再從冰箱取出來切塊使用。

組合完成

4 使用裝上 195 號花形花嘴的擠花袋，將芒果奶油醬以波浪狀擠滿在原味基底上。

5 將切成四方形薄片的奶油起司放在芒果奶油醬上方。

6 為固定覆蓋於上方的原味基底，在奶油起司上方再擠上適量的芒果奶油醬。

7 蓋上另一片原味基底，即完成芒果起司達克瓦茲。

08

艾草糕達克瓦茲

軟 Q 有黏性的艾草糕搭配香濃的黃豆粉奶油醬，
不甜膩且紮實的口感，簡直是天作之合。
但由於艾草糕放至隔日會變硬，
因此做好後當日食用才能享受到柔軟美味。

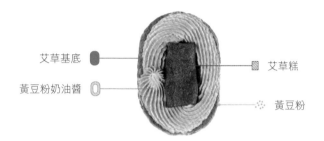

艾草基底

黃豆粉奶油醬

艾草糕

黃豆粉

材料	● 艾草基底	◎ 黃豆粉奶油醬 （炸彈麵糊基底）	▨ 艾草糕	∴ 黃豆粉
：8 個：	蛋白 110g	無鹽奶油 100g	艾草糕 8 個	炒熟黃豆粉 適量
	杏仁粉 80g	砂糖 45g	* 艾草糕是韓	
	糖粉 55g	蛋黃 30g	國傳統糕點，	
	砂糖 40g	水 30ml	如果沒有，可	
	＋艾草粉 5g		用艾草粉加糯	
		＋炒熟黃豆粉 40g	米粉、糖、水	
			做出相似品。	

準備基底

：艾草基底：

- 依照「原味麵糊」的做法製作艾草基底麵糊。 `26p`
  ：在過篩粉類材料時，一同加入艾草粉。
- 使用擠花袋將麵糊填入達可瓦茲模具內並整平表面。 `28p`
- 放入預熱至 180°C 的烤箱中下層，調低至 165°C 烘焙 16 分鐘。
- 將烘焙完成的艾草基底完全放涼。

| 黃豆粉奶油醬 | **1** 依照「炸彈麵糊奶油醬」做法，製作 150g 的奶油醬。 35p |
| | **2** 將炒熟黃豆粉一點一點地分次加入並混合均勻。 |

艾草糕

3 將艾草糕切成方便食用的大小，
共 8 個長方形。

黃豆粉

4 將炒熟黃豆粉放入寬且淺的容器
中備用。

　　Tip.如果購買生黃豆粉，必須炒過再
　　　　使用，但黃豆粉沒有炒好可能會
　　　　有豆子的腥味。若求方便，可以
　　　　購買市面上販售的炒熟黃豆粉來
　　　　使用。

5 使用裝上 195 號花形花嘴的擠花袋，將
黃豆粉奶油醬繞圈擠在艾草基底的邊緣。

6 將切成適當大小的艾草糕放在正中央。

7 為固定覆蓋於上方的艾草基底，在艾草糕
上方再擠上適量的黃豆粉奶油醬。

8 蓋上另一片艾草基底後，在表面均勻裹上
一層黃豆粉，即完成艾草糕達克瓦茲。

09

雙重巧克力達克瓦茲

滑順的黑巧克力甘納許包圍著濕潤布朗尼，
讓濃郁巧克力在口中緩緩化開，品嚐雙重的香甜滋味。
光是抹上薄薄一層黑巧克力甘納許的達克瓦茲也相當美味。

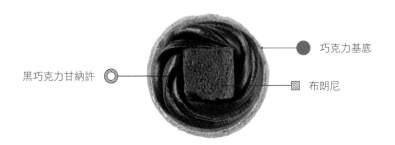

巧克力基底

黑巧克力甘納許

布朗尼

材料	● 巧克力基底	◎ 黑巧克力甘納許	▨ 布朗尼

材料
：8 個：

● 巧克力基底

蛋白 110g
杏仁粉 80g
糖粉 55g
砂糖 40g
低筋麵粉 10g

+ 可可粉 5g

◎ 黑巧克力甘納許

調溫黑巧克力 120g
鮮奶油 100ml
無鹽奶油 20g
糖漿或果寡糖 10g

▨ 布朗尼
（18cm方形慕斯圈1個）

調溫黑巧克力 200g
雞蛋 165g
紅糖 120g
無鹽奶油 120g
低筋麵粉 80g
鹽 1g

準備基底
：巧克力基底：

• 依照「原味麵糊」的做法製作巧克力基底麵糊。　26p
　：將可可粉磨成細粉，在過篩粉類材料時一同加入。

• 使用擠花袋將麵糊填入圓形模具中並整平表面。　28p

• 放入預熱至 180℃ 的烤箱中下層，調低至 165℃ 烘焙 16 分鐘。

• 將烘焙完成的巧克力基底完全放涼。

黑巧克力甘納許

1 將奶油從冰箱取出放在室溫中，待變軟後備用。

2 以隔水加熱的方式融化調溫黑巧克力。

3 將鮮奶油和糖漿放入鍋子中加熱到不超過 60°C。

4 將步驟 3 倒入步驟 2 中，以同一方向混拌至表面變得光滑。

5 甘納許溫度達到 35 ～ 38°C 時，放入奶油攪拌均勻，完成黑巧克力甘納許。

6 使用保鮮膜封住容器後放涼，待質地變得濃稠後，放入擠花袋中使用。

Tip. 如果甘納許產生油水分離現象，請再次使用打蛋器攪拌使其乳化。

布朗尼

7 將紅糖和雞蛋放入攪拌盆中，用電動攪拌器以高速攪打 1 分 30 秒。
Tip.比起白砂糖，使用紅糖能夠製作出更濕潤的布朗尼。

8 攪打至起泡發白時，放入低筋麵粉和鹽巴，用刮刀由下往上翻拌至均勻。

9 將調溫黑巧克力和奶油隔水加熱，或是用微波爐加熱融化，再加入步驟 8 中快速混拌。
Tip.使用微波爐加熱時，須分次加熱至融化，每次約 20 ～ 30 秒，以免燒焦。

10 在方形模具底部包覆兩層鋁箔紙後，放在烤盤上。

11 將步驟 9 的麵糊倒入方形模具中並稍微抹平表面後，放入烤箱以 150°C 烘焙 30 分鐘。

　　Tip.烤箱須事先預熱至 165°C。

12 待布朗尼完全冷卻後脫模，並切成適當的大小。

　　Tip.若在布朗尼尚未冷卻時就切塊，切面會不平整，所以請等到充分冷卻後再切。

　　Tip.剩下的布朗尼可以冷凍保存，下次還能再使用。

13 使用裝上 E6K 號星形花嘴的擠花袋,將黑巧克力甘納許擠在巧克力基底的邊緣。

14 將切成適當大小的布朗尼放在正中央。

15 為固定覆蓋於上方的巧克力基底,在布朗尼上方再擠上適量的黑巧克力甘納許。

16 蓋上另一片巧克力基底,即完成雙重巧克力達克瓦茲。

10

烤地瓜達克瓦茲

口感綿密的地瓜奶油醬，搭配上香甜的烤地瓜，
是男女老少都很喜歡的滋味，還能填滿空腹。
忙碌的早晨就以烤地瓜達克瓦茲開啟充滿活力的一天吧！

地瓜奶油醬

烤地瓜

原味基底

材料	原味基底	地瓜奶油醬（炸彈麵糊基底）	烤地瓜
：8 個：	蛋白 110g	無鹽奶油 100g	地瓜 120g
	杏仁粉 80g	砂糖 45g	
	糖粉 55g	蛋黃 30g	
	砂糖 40g	水 30ml	
	低筋麵粉 10g	＋地瓜 70g	

準備基底

：原味基底：

- 依照「原味麵糊」的做法製作原味基底麵糊。　26p
- 使用擠花袋以波浪狀將麵糊填入達克瓦茲模具中。　28p
- 放入預熱至 180°C 的烤箱中下層，調低至 165°C 烘焙 17 分鐘。
- 將烘焙完成的原味基底完全放涼。

35p

地瓜奶油醬

1　依照「炸彈麵糊奶油醬」做法，製作 150g 的奶油醬。　35p

2　把所有地瓜洗淨後用鋁箔紙包起來，放入預熱至 185℃ 的
　　烤箱中，調低至 170℃ 烤 30 分鐘。
　　Tip.將要用來混入奶油醬的 70g 地瓜和要用來做為內餡的 120g 地
　　　　瓜，一起放入烤箱中烘烤。

3　把 70g 烤地瓜趁熱使用篩網過濾成泥後，完全放涼。

4　將冷卻的烤地瓜分次加入奶油醬中混拌，製成地瓜奶油醬。

烤地瓜

5　把其餘的 120g 烤地瓜切
　　成適當大小後充分放涼。
　　Tip.如果將熱地瓜放在奶油
　　　　醬上，奶油醬可能會融
　　　　化而流出，所以一定要
　　　　等到地瓜放涼再使用。

組合完成

6 使用裝上 804 號圓形花嘴的擠花袋,將地瓜奶油醬以波浪狀擠滿在原味基底上。

7 將切成適當大小的烤地瓜放在正中央。

8 為固定覆蓋於上方的原味基底,在烤地瓜上方再擠上適量的地瓜奶油醬。

9 蓋上另一片原味基底,即完成烤地瓜達克瓦茲。

11

肉桂南瓜達克瓦茲

能品嚐到南瓜原始甜味，
並散發一股迷人的肉桂香。
肉桂粉讓南瓜的風味變得更為濃郁，
令人不禁一口接著一口放入口中。

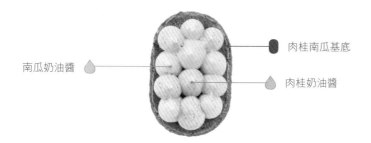

南瓜奶油醬

肉桂南瓜基底

肉桂奶油醬

材料
：8 個：

● 肉桂南瓜基底

蛋白 110g
杏仁粉 80g
糖粉 55g
砂糖 40g

＋南瓜粉 20g
　肉桂粉 1g

◎◎ 南瓜奶油醬 & 肉桂奶油醬
（炸彈麵糊基底）

無鹽奶油 100g
砂糖 45g
蛋黃 30g
水 30ml

＋南瓜 30g
＋肉桂粉 1g

準備基底
：肉桂南瓜基底：

- 依照「原味麵糊」的做法製作肉桂南瓜基底麵糊。26p
  ：在過篩粉類材料時，一同添加南瓜粉和肉桂粉。
  ：由於南瓜粉會增加麵筋強度，所以肉桂南瓜基底的材料中不包含低筋麵粉。
- 使用擠花袋將麵糊填入達克瓦茲模具中並整平表面。28p
- 放入預熱至 180°C 的烤箱中下層，調低至 165°C 烘焙 16 分鐘。
- 將烘焙完成的肉桂南瓜基底完全放涼。

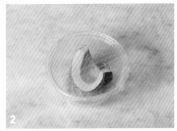

南瓜奶油醬

1 依照「炸彈麵糊奶油醬」做法,製作 170g 的奶油醬,再分裝成 80g 與 90g 備用。 35p

2 將南瓜洗乾淨後把裡面的籽去除,放入電鍋中蒸約 15 分鐘,或用保鮮膜封住容器,放入微波爐加熱約 10 分鐘至熟透為止。

3 南瓜趁熱去除外皮後搗爛成泥狀。

4 將南瓜泥充分放涼後,分次加入 80g 奶油醬中混拌均勻,製成南瓜奶油醬。

肉桂奶油醬

5 將剩下的 90g 奶油醬和肉桂粉混拌均勻,即製成肉桂奶油醬。

6 使用裝上 804 號圓形花嘴的
擠花袋,將南瓜奶油醬在肉
桂南瓜基底上擠出一顆一顆
的圓球。

> Tip.擠南瓜奶油醬時,圓球之
> 間要留下適當間距,之後
> 還要擠上肉桂奶油醬。

7 使用裝上 804 號圓形花嘴的
擠花袋,擠上肉桂奶油醬圓
球,填滿剩下的空間。

8 蓋上另一片肉桂南瓜基底,
即完成肉桂南瓜達克瓦茲。

12

咖啡拿鐵達克瓦茲

在需要提神的午後，
品嚐一杯熱咖啡，再佐以香氣迷人的甜點吧！
散發出濃郁咖啡香的咖啡拿鐵達克瓦茲，
讓整天的疲勞瞬間拋諸腦後。

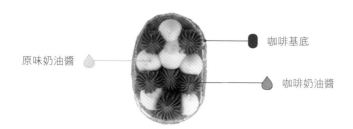

原味奶油醬

咖啡基底

咖啡奶油醬

材料
：8 個：

● **咖啡基底**

蛋白 110g
杏仁粉 80g
糖粉 55g
砂糖 40g
低筋麵粉 10g

＋研磨咖啡粉 5g

◌◍ **原味奶油醬 & 咖啡奶油醬**
（炸彈麵糊基底）

無鹽奶油 100g
砂糖 45g
蛋黃 30g
水 30ml

＋咖啡萃取液 15ml

準備基底
：咖啡基底：

- 依照「原味麵糊」的做法製作咖啡基底麵糊。 26p
  ：在過篩粉類材料後，添加研磨咖啡粉一起攪拌。

- 使用擠花袋將麵糊均厚地填入達克瓦茲模具中。 28p

- 放入預熱至 180°C 的烤箱中下層，調低至 165°C 烘焙 18 分鐘。

- 將烘焙完成的咖啡基底完全放涼。

原味奶油醬

1 依照「炸彈麵糊奶油醬」做法，製
   作 170g 的奶油醬，再分裝成 80g 與
   90g 備用。 35p

咖啡奶油醬

2 將 80g 原味奶油醬和 1/4 的咖啡萃取
   液攪拌均勻。

3 再將剩下的咖啡萃取液少量地分次加
   入後混拌，製成咖啡奶油醬。

   Tip. 如果將咖啡萃取液一次全都加入奶油
   醬中，在攪拌時兩者可能會分離，所
   以最好分成多次加入後再攪拌。

4 使用裝上 804 號圓形花嘴的擠花袋，將原味奶油醬在咖啡基底上擠出一顆一顆的圓球。

Tip. 擠原味奶油醬時，圓球之間要留下適當間距，之後還要擠上咖啡奶油醬。

5 使用裝上 195 號花形花嘴的擠花袋，擠上咖啡奶油醬圓球，填滿剩下的空間。

6 蓋上另一片咖啡基底，即完成咖啡拿鐵達克瓦茲。

13

雙重芝麻達克瓦茲

材料中放入健康的黑芝麻和白芝麻，
雙倍美味、雙倍濃香，特別適合送禮給長輩。
比起直接使用整顆芝麻，
稍微搗碎的芝麻更能提升香氣的濃郁度。

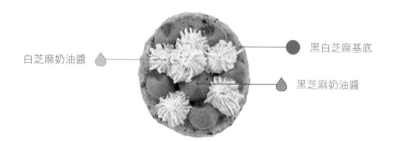

白芝麻奶油醬　　　　　　　　　　　　黑白芝麻基底

黑芝麻奶油醬

材料
：8 個：

● 黑白芝麻基底

蛋白 110g
杏仁粉 80g
糖粉 55g
砂糖 40g
低筋麵粉 10g

＋黑芝麻 15g
　白芝麻 15g

🌢🌢 黑芝麻奶油醬 & 白芝麻奶油醬
（炸彈麵糊基底）

無鹽奶油 100g
砂糖 45g
蛋黃 30g
水 30ml

＋黑芝麻醬 15g
＋白芝麻 20g

準備基底
：黑白芝麻基底：

- 依照「原味麵糊」的做法製作黑白芝麻基底麵糊。　26p
  ：在過篩粉類材料後，添加黑芝麻和白芝麻一起攪拌。

- 在烘焙紙上畫出直徑 6cm 的圓，再使用擠花袋繞圓擠出麵糊。　29p

- 放入預熱至 180°C 的烤箱中下層，調低至 165°C 烘焙 16 分鐘。

- 將烘焙完成的黑白芝麻基底完全放涼。

黑芝麻奶油醬

1 依照「炸彈麵糊奶油醬」做法，製作 160g 的奶油醬。再將其中 80g 分裝，並與黑芝麻醬一同攪拌均勻，製成黑芝麻奶油醬。 35p

　　Tip. 也可使用黑芝麻粉取代黑芝麻醬。

白芝麻奶油醬

2 將剩下的 80g 奶油醬和白芝麻混合，製成白芝麻奶油醬。

　　Tip. 白芝麻稍微搗碎後再使用，風味更佳。

組合完成

3 使用裝上 804 號圓形花嘴的擠
   花袋，將黑芝麻奶油醬在黑白
   芝麻基底上擠出一顆一顆的圓
   球狀。

   Tip.擠黑芝麻奶油醬時，圓球之間
       要留下適當間距，之後還要擠
       上白芝麻奶油醬。

4 使用裝上 195 號花形花嘴的
   擠花袋，擠上白芝麻奶油醬圓
   球，填滿剩下的空間。

5 蓋上另一片黑白芝麻基底，即
   完成雙重芝麻達克瓦茲。

14

咖椰達克瓦茲

咖椰奶油醬的甜味加上奶油的鹹味，
不管再怎麼吃都不會膩的夢幻組合。
表層椰子絲的口感，更是提升了層次。

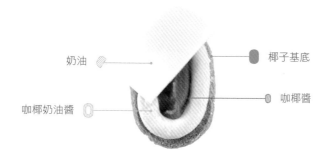

奶油 — 椰子基底
咖椰奶油醬 — 咖椰醬

材料	● 椰子基底	◐ 咖椰奶油醬 （炸彈麵糊基底）	◉ 咖椰醬	◈ 奶油
：8個：	蛋白 110g	無鹽奶油 100g	咖椰醬 80g	奶油 適量
	杏仁粉 80g	砂糖 45g		
	糖粉 55g	蛋黃 30g		
	砂糖 40g	水 30ml		
	低筋麵粉 10g			
	＋椰子粉 20g	＋咖椰醬 70g		
	椰子絲適量	椰子粉 15g		

準備基底	
：椰子基底：	• 依照「原味麵糊」的做法製作椰子基底麵糊。 26p 　：在過篩粉類材料後，添加椰子粉、椰子絲一起攪拌。 • 使用擠花袋將麵糊均厚地填入達克瓦茲模具中。 28p • 放入預熱至 180°C 的烤箱中下層，調低至 165°C 烘焙 18 分鐘。 • 將烘焙完成的椰子基底完全放涼。

咖椰奶油醬

1　依照「炸彈麵糊奶油醬」做法，製作 150g 的奶油醬。　35p

2　為避免咖椰醬過冰太硬，須事先放於室溫中回溫變軟後，
　　再放入奶油醬中攪拌。

3　加入椰子粉混合均勻，製成咖椰奶油醬。

奶油

4　完成椰子基底和咖椰奶油醬之後，再從冰箱取出奶油，並
　　切成四方形薄片。

　　Tip. 奶油在室溫中會開始變軟，所以請在準備組合達克瓦茲之前再
　　　　從冰箱取出，並在尚未完全退冰的狀況下切塊使用。

組合完成

5 使用裝上 804 號圓形花嘴的擠花袋，將咖椰奶油醬繞圈擠在椰子基底的邊緣。

6 然後將咖椰醬填入中央，並注意不要滿出來。

7 將切成薄片的奶油放在咖椰醬上方。

8 為固定覆蓋於上方的椰子基底，在起司上方再擠上適量的咖椰奶油醬。

9 蓋上另一片椰子基底，即完成咖椰達克瓦茲。

15

櫻桃達克瓦茲

當你需要爽口的甜點時，推薦你嘗試櫻桃達克瓦茲。

添加櫻桃泥的奶油醬呈現出粉紅色澤，美麗的造型討人喜愛。

也可以用藍莓取代櫻桃，做出散發夢幻紫色光澤的甜點。

櫻桃基底

櫻桃奶油醬

櫻桃

材料	⬤ 櫻桃基底	◎ 櫻桃奶油醬 （炸彈麵糊基底）	● 櫻桃
：8 個：	蛋白 110g	無鹽奶油 100g	櫻桃 8 個
	杏仁粉 80g	砂糖 45g	
	糖粉 55g	蛋黃 30g	
	砂糖 40g	水 30ml	
	低筋麵粉 10g		
	＋櫻桃乾 10g	＋櫻桃泥 35g	

準備基底	• 依照「原味麵糊」的做法製作櫻桃基底麵糊。 26p
：櫻桃基底：	：將櫻桃乾切碎，在過篩粉類材料後，一同加入攪拌。
	• 在烘焙紙上畫出直徑 6cm 的圓，再使用擠花袋繞圓擠出麵糊。 29p
	• 放入預熱至 180°C 的烤箱中下層，調低至 165°C 烘焙 16 分鐘。
	• 將烘焙完成的櫻桃基底完全放涼。

櫻桃奶油醬	**1**	依照「炸彈麵糊奶油醬」做法，製作 150g 的奶油醬。 35p
	2	將櫻桃泥一點一點地分次加入奶油醬中混拌，製成櫻桃奶油醬。

Tip. 事先將櫻桃泥從冰箱取出置於室溫中，變成常溫後再使用，這樣比較容易
跟奶油醬混合。

櫻桃	**3**	將櫻桃洗乾淨並摘除果梗，擦乾水分後切成兩半，把籽挖除後備用。

組合完成	4	使用裝上 E6K 號星形花嘴的擠花袋，將櫻桃奶油醬繞圈擠在櫻桃基底的邊緣。

4 使用裝上 E6K 號星形花嘴的擠花袋，將櫻桃奶油醬繞圈擠在櫻桃基底的邊緣。

5 將切半的櫻桃放兩個在正中央。

6 為固定覆蓋於上方的櫻桃基底，在櫻桃上方再擠上適量的櫻桃奶油醬。

7 蓋上另一片櫻桃基底，即完成櫻桃達克瓦茲。

16

蘋果肉桂達克瓦茲

使用親自燉煮的蘋果餡，做出更美味的達克瓦茲。

由於每顆蘋果的含水量不同，燉煮時要隨時注意水分是否不足。

香濃的蘋果餡拿來當作吐司夾餡也相當美味。

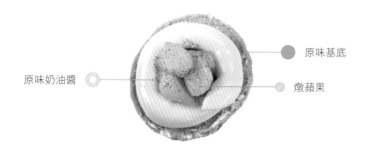

原味基底

原味奶油醬

燉蘋果

材料	⬤ 原味基底	◎ 原味奶油醬 （炸彈麵糊基底）	◎ 燉蘋果
：8 個：	蛋白 110g	無鹽奶油 100g	蘋果 1 個
	杏仁粉 80g	砂糖 45g	砂糖 30g
	糖粉 55g	蛋黃 30g	無鹽奶油 10g
	砂糖 40g	水 30ml	肉桂粉 1g
	低筋麵粉 10g		香草莢 1 枝

準備基底	
：原味基底：	• 依照「原味麵糊」的做法製作原味基底麵糊。 26p
	• 在烘焙紙上畫出直徑 6cm 的圓，再使用擠花袋繞圓擠出麵糊。 29p
	• 放入預熱至 180°C 的烤箱中下層，調低至 165°C 烘焙 16 分鐘。
	• 將烘焙完成的原味基底完全放涼。

原味奶油醬

1 依照「炸彈麵糊奶油醬」做法，製作 150g
的奶油醬。 `35p`

燉蘋果

2 將奶油放入鍋子中加熱，加入切
小塊的蘋果、砂糖、肉桂粉、香
草籽與豆莢，未避免燒焦必須持
續攪拌。

Tip.香草莢先用刀剖開後刮下內側的
籽，再將籽和豆莢一起入鍋。

3 當水分變少且蘋果開始變得透明
時，熄火並完全放涼。

Tip.若使用的蘋果水分較少，水分就
會在煮好之前蒸發光，這時候要
一邊倒入些許的水一邊燉煮。

組合完成

4 使用裝上 804 號圓形花嘴的擠花袋，將原味奶油醬繞圈擠在原味基底的邊緣。

5 將燉蘋果填入中央，並注意不要滿出來。

6 為固定覆蓋於上方的原味基底，在燉蘋果上方再擠上原味奶油醬。

7 蓋上另一片原味基底，即完成蘋果肉桂達克瓦茲。

17

綜合莓果達克瓦茲

含有三種莓果類，口感極為清爽的綜合莓果達克瓦茲。

可隨個人喜好準備不同的材料，僅用一種莓果來製作也很美味。

製作莓果醬時，為避免黏鍋，請耐心地持續攪拌。

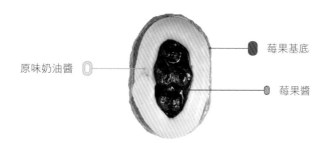

原味奶油醬

莓果基底

莓果醬

材料	● 莓果基底	◯ 原味奶油醬	◉ 莓果醬
：8 個：	蛋白 110g	（炸彈麵糊基底）	莓果類 200g
	杏仁粉 80g	無鹽奶油 100g	（覆盆莓、藍莓、
	糖粉 55g	砂糖 45g	草莓）
	砂糖 40g	蛋黃 30g	砂糖 130g
	低筋麵粉 10g	水 30ml	檸檬汁 8ml
	＋莓果乾 15g		果膠 1g
	（藍莓乾、蔓越莓		
	乾、草莓乾）		

準備基底

：莓果基底：

- 依照「原味麵糊」的做法製作莓果基底麵糊。 26p
  ：將莓果乾切碎，在過篩粉類材料後，一同加入攪拌。

- 使用擠花袋將麵糊填入達克瓦茲模具中並整平表面。 28p

- 放入預熱至 180°C 的烤箱中下層，調低至 165°C 烘焙 16 分鐘。

- 將烘焙完成的莓果基底完全放涼。

原味奶油醬

1 依照「炸彈麵糊奶油醬」做法，製作 150g
的奶油醬。 35p

莓果醬

2 混合 10g 砂糖和 1g 果膠備用。
Tip.砂糖和果膠必須均勻地混合，若沒有攪拌均勻，一放入鍋中可能會結塊。

3 將 120g 砂糖和莓果類混合均勻後，在室溫下靜置 10 分鐘。
Tip.如果莓果過大，要先切成適當的大小。

4 將步驟 3 放入鍋子中加熱，為避免黏鍋，在熬煮過程中必須充分攪拌。

5 待質地變得濃稠時，將步驟 2 一點一點地加入並攪拌均勻。

6 熄火後加入檸檬汁攪拌即可。
Tip.剩下的果醬放入用熱水消毒過的玻璃瓶中密封保存。如果將密封的瓶子再次加熱至
真空狀態，果醬就能保存得更久。 158p

組合完成

7 使用裝上 804 號圓形花嘴的擠花袋,將原味奶油醬繞圈擠在莓果基底的邊緣。

8 接著將莓果醬填入中央,並注意不要滿出來。

9 蓋上另一片莓果基底,即完成綜合莓果達克瓦茲。

18

薄荷巧克力達克瓦茲

由清新的薄荷奶油醬和香甜的黑巧克力甘納許組合而成，
薄荷色和咖啡色交織，光是看起來就非常美麗。
波浪造型的基底在拿取時比較容易裂開，
如果想要增加穩固度，可以將麵糊表面整平再烘烤。

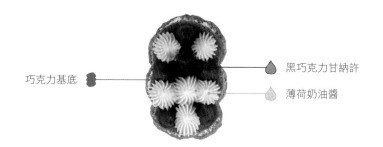

巧克力基底

黑巧克力甘納許

薄荷奶油醬

材料

：8 個：

🍫 **巧克力基底**

蛋白 110g
杏仁粉 80g
糖粉 55g
砂糖 40g
低筋麵粉 10g

＋可可粉 5g

💧 **薄荷奶油醬**
（英式蛋奶醬基底）

無鹽奶油 100g
牛奶 80ml
砂糖 35g
蛋黃 25g

＋薄荷葉 3g

💧 **黑巧克力甘納許**

調溫黑巧克力 60g
鮮奶油 50ml
無鹽奶油 10g
糖漿或果寡糖 5g

準備基底

：巧克力基底：

- 依照「原味麵糊」的做法製作巧克力基底麵糊。 26p
  ：在過篩粉類材料時，一同添加可可粉。

- 使用擠花袋以波浪狀將麵糊填入達克瓦茲模具中。 28p

- 放入預熱至 180°C 的烤箱中下層，調低至 165°C 烘焙 17 分鐘。

- 將烘焙完成的巧克力基底完全放涼。

薄荷奶油醬

1 加熱牛奶時,將薄荷葉一同加入再過濾。依照「英式奶油醬」做法,製作 100g 的奶油醬。 35p
　　Tip. 可再添加 10g 的薄荷利口酒,薄荷風味會越加濃郁。

黑巧克力甘納許

2 將奶油從冰箱取出放在室溫中,待變軟後備用。

3 以隔水加熱的方式融化調溫黑巧克力。

4 將鮮奶油和糖漿放入鍋子中加熱到不超過 60°C。
　　Tip. 鮮奶油的溫度若過高,可能會與甘納許分離,因此請妥善調節火候大小,避免在加熱時溫度過高。

5 將步驟 4 倒入步驟 3 中,以同一方向攪拌至表面變得光滑。

6 甘納許溫度達到 35 ～ 38°C 時,放入奶油充分攪拌混合。
　　Tip. 要在甘納許溫度達 35 ～ 38°C 時放入奶油,才能攪拌得最均勻。

7 使用保鮮膜封住容器後放涼,待質地變得濃稠後,放入擠花袋中使用。
　　Tip. 將甘納許放置在室溫下,使其凝固成濃稠狀即可。如果為了快速凝固而放入冰箱中,可能會只有一部分先凝固而生成顆粒。

組合完成

8 使用裝上 804 號圓形花嘴的擠花袋，將黑巧克力甘納許在巧克力基底上擠出一顆一顆的圓球。

　Tip.擠黑巧克力甘納許時，圓球之間要留下適當間距，之後還要擠上薄荷奶油醬。

9 使用裝上 195 號花形花嘴的擠花袋，擠上薄荷奶油醬圓球，填滿剩下的空間。

10 蓋上另一片巧克力基底，即完成薄荷巧克力達克瓦茲。

19

杏仁碎餅達克瓦茲

一口就能品嚐到烤得酥脆的杏仁碎餅和滑順的奶油醬，
尤其能享受卡滋卡滋口感的咀嚼趣味。
杏仁碎餅達克瓦茲和牛奶特別協調，很推薦一起享用。

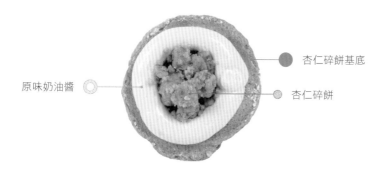

原味奶油醬　　　　　　　　　　　　　　　　杏仁碎餅基底

杏仁碎餅

材料
：8 個：

● 杏仁碎餅基底
蛋白 110g
杏仁粉 80g
糖粉 55g
砂糖 40g
低筋麵粉 10g

＋杏仁碎餅 120g

◎ 原味奶油醬
（炸彈麵糊基底）

無鹽奶油 100g
砂糖 45g
蛋黃 30g
水 30ml

◎ 杏仁碎餅
（包含基底用的分量）

低筋麵粉 90g
無鹽奶油 60g
砂糖 45g
杏仁粉 45g

準備基底
：杏仁碎餅基底：

- 依照「原味麵糊」的做法製作杏仁碎餅基底麵糊。 26p
  ：杏仁碎餅不用拌入麵糊中，而是將沒有烤過的 120g 杏仁碎餅撒在擠出造型的
  原味麵糊上，再放入烤箱烘焙。請參考「杏仁碎餅」的食譜。 122p

- 在烘焙紙上畫出直徑 6cm 的圓，再使用擠花袋繞圓擠出麵糊。 29p

- 放入預熱至 180°C 的烤箱中下層，調低至 165°C 烘焙 16 分鐘。

- 將烘焙完成的杏仁碎餅基底完全放涼。

1 依照「炸彈麵糊奶油醬」做法，
　製作 150g 的奶油醬。　[35p]

杏仁碎餅

2 將奶油從冰箱取出放在室溫中，待變軟後使用。

3 將低筋麵粉、奶油、砂糖和杏仁粉放入不鏽鋼盆
　中，用刮刀輕輕混拌到粉末消失。

4 事先取出 120g 麵團，做為「杏仁碎餅基底」的
　材料。其餘麵團分散地鋪在烤盤上，放入預熱至
　180°C 的烤箱，調低至 165°C 後烘焙 18 分鐘。

組合完成

5 使用裝上 804 號圓形花嘴的擠花袋,將原味奶油醬繞圈擠在杏仁碎餅基底的邊緣。

6 再將杏仁碎餅填入中央,並注意不要滿出來。

7 為固定覆蓋於上方的杏仁碎餅基底,在杏仁碎餅上再擠上適量的原味奶油醬。

8 蓋上另一片杏仁碎餅基底,即完成杏仁碎餅達克瓦茲。

20

提拉米蘇達克瓦茲

濕潤的巧克力基底佐以馬斯卡彭起司奶油醬，撒上厚厚一層可可粉，
品嚐時可以感受到提拉米蘇原始的豐富滋味。
將提拉米蘇達克瓦茲稍微冷凍過後再吃也很美味。

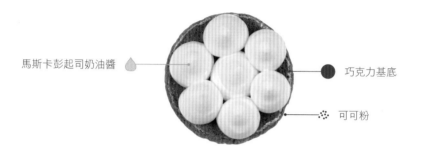

馬斯卡彭起司奶油醬 　　　　　　　　　　巧克力基底

　　　　　　　　　　　　　　　　　　　　可可粉

材料	● 巧克力基底	◍ 馬斯卡彭起司奶油醬（炸彈麵糊基底）	⋮ 可可粉
：8 個：	蛋白 110g	無鹽奶油 100g	可可粉 適量
	杏仁粉 80g	砂糖 45g	
	糖粉 55g	蛋黃 30g	
	砂糖 40g	水 30ml	
	＋可可粉 5g	＋馬斯卡彭起司 60g	
		奶油起司 60g	

準備基底

：巧克力基底：

- 依照「原味麵糊」的做法製作巧克力基底麵糊。 26p
  ：在過篩粉類材料時，一同添加可可粉。
- 使用擠花袋將麵糊填入圓形模具中並整平表面。 28p
- 放入預熱至 180℃ 的烤箱中下層，調低至 165℃ 烘焙 16 分鐘。
- 將烘焙完成的巧克力基底完全放涼。

馬斯卡彭起司奶油醬

1 依照「炸彈麵糊奶油醬」做法，製作 100g 的奶油醬。 35p

2 將奶油起司從冰箱取出放在室溫中，待變軟後先用電動攪拌器攪拌，再與馬斯卡彭起司混拌。

3 將步驟 2 一點一點地分次加入步驟 1 中並攪拌均勻。

| 組合完成 | **4** 使用裝上 804 號圓形花嘴的擠花袋，將馬斯卡彭起司奶油醬擠出一顆一顆圓球狀，填滿巧克力基底。 |

5 蓋上另一片巧克力基底。

6 在兩面巧克力基底上都用篩網撒上厚厚的可可粉，即完成提拉米蘇達克瓦茲。

Tip. 由於馬斯卡彭起司和奶油起司的水分含量很高，所以在製成當日享用風味最佳，若是放入冰箱冷凍後再品嚐會是另一番的美味。

精緻的達克瓦茲蛋糕

01

柳橙巧克力蛋糕

烘焙出大尺寸的達克瓦茲基底，就能拿來打造迷你蛋糕。
夾餡以酸甜奶油醬搭配香濃甘納許，再加上新鮮柳橙，
最後用柳橙乾裝飾、薄荷葉妝點，
能夠一口品嚐到柳橙的清爽及薄荷的清香，滋味令人難忘。

柳橙奶油醬　　　　　　　　　　　　　柳橙基底

柳橙

黑巧克力甘納許

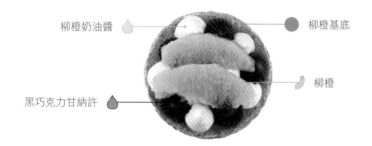

材料	● 柳橙基底	◌ 柳橙奶油醬	◌ 黑巧克力甘納許	◌ 柳橙
：4 個：	蛋白 110g	（炸彈麵糊基底）	調溫黑巧克力 120g	柳橙 2 顆
（直徑 8cm 的圓形）	杏仁粉 80g	無鹽奶油 100g	鮮奶油 100ml	* 可依喜
	糖粉 55g	砂糖 45g	無鹽奶油 20g	好準備薄
	砂糖 40g	蛋黃 30g	糖漿或果寡糖 10g	荷葉、柳
	低筋麵粉 10g	水 30 ml		橙片或其
	＋橙皮 5g	＋柳橙汁 40ml		他果乾當
		橙皮 5g		裝飾。

準備基底	
：柳橙基底：	● 依照「原味麵糊」的做法製作柳橙基底麵糊。 26p
	：在過篩粉類材料後，添加刨成屑的橙皮一同攪拌。
	● 使用擠花袋將麵糊填入 8 個直徑 8cm 的圓形模具中並整平表面。
	● 放入預熱至 180℃ 的烤箱中下層，調低至 165℃ 烘焙 20 分鐘。
	● 將烘焙完成的柳橙基底完全放涼。

130／131

柳橙奶油醬

1 依照「炸彈麵糊奶油醬」做法，製作
  150g 的奶油醬。再將柳橙汁少量地分
  次加入並攪拌均勻。　35p

2 放入刨成屑的橙皮攪拌混合，製成柳橙
  奶油醬。

黑巧克力甘納許

3 將奶油從冰箱取出放在室溫中，待變軟後備用。

4 以隔水加熱的方式融化調溫黑巧克力。

5 將鮮奶油和糖漿放入鍋子中加熱到不超過 60°C。

6 將步驟 5 倒入步驟 4 中，以同一方向攪拌至表面變得光滑。

7 甘納許溫度為 35 ～ 38°C 時，放入奶油攪拌均勻，完成黑巧克力甘納許。

8 使用保鮮膜封住容器，待質地變得濃稠後，再放入擠花袋中使用。

柳橙

9 將柳橙洗乾淨後去除外皮及白色纖維質的部分，僅留下果肉，並將表面流出的水分瀝乾。

組合完成

10 使用裝上 804 號圓形花嘴的擠花袋，將柳橙奶油醬在柳橙基底上擠出一顆一顆的圓球。

    Tip.擠柳橙奶油醬時，圓球之間要留下適當間距，之後還要擠上黑巧克力甘納許。

11 使用裝上 195 號花形花嘴的擠花袋，擠上黑巧克力甘納許圓球，填滿剩下的空間。

12 將柳橙果肉放在奶油醬上方。

13 為固定覆蓋於上方的柳橙基底，在柳橙果肉上方再擠上適量的黑巧克力甘納許。

14 蓋上另一片柳橙基底即完成。如果想在達克瓦茲上方做裝飾，可以先在中央擠上少量的柳橙奶油醬。

15 然後按照個人喜好，擺上柳橙乾等水果乾或是薄荷葉等香草即可。

02

開心果草莓蛋糕

鮮紅草莓和翠綠的開心果奶油醬的組合，
讓這款迷你蛋糕看起來華麗又可口，
適合在紀念特別的日子時當作禮物贈送。
而且做成大尺寸的蛋糕也很美麗。

草莓

開心果基底

開心果奶油醬

材料

：4 個：
（直徑 8cm 的圓形）

● 開心果基底

蛋白 110g
杏仁粉 80g
糖粉 55g
砂糖 40g
低筋麵粉 10g

＋開心果碎屑 20g

◉ 開心果奶油醬
（炸彈麵糊基底）

無鹽奶油 200g
砂糖 90g
蛋黃 60g
水 60ml

＋開心果醬 100g

◉ 草莓

草莓 約300g

* 此處 4 個蛋糕大約
使用 26 顆草莓（含
裝飾），但實際用量
需視草莓大小挑選。

準備基底

：開心果基底：

- 依照「原味麵糊」的做法製作開心果基底麵糊。 26p
  ：在過篩粉類材料後，加入開心果碎屑一同攪拌。
  ：如果沒有購買開心果碎屑，也可自行將整顆開心果拍成細碎後使用。

- 使用擠花袋將麵糊填入 8 個直徑 8cm 的圓形模具中並整平表面。

- 放入預熱至 180°C 的烤箱中下層，調低至 165°C 烘焙 20 分鐘。

- 將烘焙完成的開心果基底完全放涼。

| 開心果奶油醬 | **1** 依照「炸彈麵糊奶油醬」做法，製作 300g 的奶油醬。再將開心果醬少量地分次加入並攪拌均勻，製成開心果奶油醬。 35p |

開心果奶油醬

1 依照「炸彈麵糊奶油醬」做法，製作 300g 的奶油醬。再將開心果醬少量地分次加入並攪拌均勻，製成開心果奶油醬。 35p

草莓

2 將草莓洗乾淨後切除果蒂，再切成兩半備用。

組合完成

3 用慕斯圍邊將開心果基底圍起來。

4 在開心果基底的中央擠出一顆圓球狀的開心果奶油醬。

5 將草莓的切面朝外，在開心果基底的邊緣排列一圈。

6 在開心果奶油醬上方再擺放幾片草莓。

7 用開心果奶油醬填滿空隙並蓋過草莓。

8 蓋上另一片開心果基底，稍微按壓固定即完成。

9 如果想在達克瓦茲上方做裝飾，可以先在中央擠上少量的開心果奶油醬。

10 然後再擺上整顆草莓即可。

03

萊明頓蛋糕

這款澳洲傳統點心原是以海綿蛋糕裹上巧克力再撒上椰子粉製成。
這裡則嘗試用達克瓦茲來做為蛋糕體，中間夾入奶油醬後，
按照個人偏好的大小切塊，接著裹上巧克力與椰子粉就完成了。
當你想品嚐口味清爽的甜點時，可以挑戰看看。

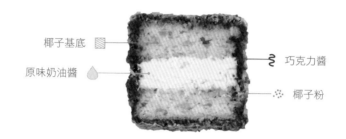

椰子基底

原味奶油醬

巧克力醬

椰子粉

材料

：4 個：

（長 9cm 的正方形）

椰子基底
蛋白 110g
杏仁粉 80g
糖粉 55g
砂糖 40g
低筋麵粉 10g
＋椰子粉 20g

原味奶油醬
（炸彈麵糊基底）
無鹽奶油 100g
砂糖 45g
蛋黃 30g
水 30ml

巧克力醬
調溫黑巧克力 180g
葡萄籽油 70ml

椰子粉
椰子粉 適量

準備基底

：椰子基底：

- 依照「原味麵糊」的做法製作椰子基底麵糊。 26p
  ：在過篩粉類材料後，添加椰子粉一起攪拌。

- 使用擠花袋將麵糊填入 2 個邊長 18cm 的正方形模具中並整平表面。

- 放入預熱至 180°C 的烤箱中下層，調低至 165°C 烘焙 20 分鐘。

- 將烘焙完成的椰子基底完全放涼。

原味奶油醬

1　依照「炸彈麵糊奶油醬」做法，製作 100g 的
　　奶油醬。　35p

巧克力醬

2　隔水加熱融化調溫黑巧克力，或以微波爐加熱
　　至融化。
　　Tip. 使用微波爐加熱調溫巧克力時，須分次加熱，
　　　　每次約 20 ～ 30 秒，以免燒焦。

3　將葡萄籽油放入融化的調溫黑巧克力中，均勻
　　地攪拌後，冷卻至 30℃。

4　將椰子粉放入寬且淺的容器中備用。

組合完成

5 使用 895 號扁齒花嘴，在其中一片椰子基底上塗抹一層薄薄的原味奶油醬，然後蓋上另一片椰子基底，製成椰子達克瓦茲。

6 將椰子達克瓦茲切成 4 等分的正方形。
Tip.也可以按照喜好切成一口大小的塊狀。

7 將椰子達克瓦茲的每一面均勻地裹上巧克力醬。

8 再將裹上巧克力醬的椰子達克瓦茲放入盛裝椰子粉的容器中，均勻地沾附椰子粉即完成。

04

蒙布朗

用來擠蒙布朗的花嘴口非常窄，為了避免奶油醬卡在花嘴口，
需要仔細用刮板反覆攪拌奶油醬至質地柔滑。
不過一嚐到蘊含完整栗子風味的蒙布朗，就會瞬間忘記所有疲勞。

熟栗子

栗子奶油醬

鮮奶油

肉桂基底

材料	● 肉桂基底	◔ 鮮奶油	◔ 栗子奶油醬	● 熟栗子
：1 個：	蛋白 80g	鮮奶油 100ml	栗子醬 400g	熟栗子 8 個
（直徑 15cm 的圓形）	杏仁粉 60g	砂糖 10g	無鹽奶油 100g	（或糖蜜栗子）
	糖粉 45g		黑蘭姆酒 15ml	* 可依照個人喜
	砂糖 25g			好，準備栗子或
	低筋麵粉 7g			金箔做裝飾。
	＋肉桂粉 1g			

準備基底

：肉桂基底：

- 依照「原味麵糊」的做法製作肉桂基底麵糊。 26p
  ：在過篩粉類材料時，一同添加肉桂粉。

- 準備好 1 個直徑 15cm 的圓形模具，使用擠花袋先沿著模具邊緣擠出 8 個圓，中心再擠出 1 個圓，將麵糊厚實地填滿模具。

- 放入預熱至 180°C 的烤箱中下層，調低至 165°C 烘焙 22 分鐘。

- 將烘焙完成的肉桂基底完全放涼。

| 鮮奶油 |

1 將鮮奶油和砂糖放入不鏽鋼盆中，再將鋼盆放到裝有冰水的容器裡。

2 使用電動攪拌器打發鮮奶油至硬性發泡。

| 栗子奶油醬 |

3 將事先放於室溫中使其軟化的奶油和栗子醬、黑蘭姆酒放入不鏽鋼盆中，以刮刀攪拌混合。

Tip. 如果不喜歡黑蘭姆酒的濃郁香氣，可以使用金蘭姆酒或白蘭姆酒來取代。

4 為避免栗子奶油醬結成顆粒，要使力地用刮板一邊按壓一邊攪拌，直到質地變滑順。

Tip. 蒙布朗花嘴口有數個細小的孔洞，一點點的栗子顆粒就可能堵住嘴口，導致無法擠出漂亮的造型。因此為了避免顆粒殘留，必須充分攪拌。

5 準備好熟栗子或是市面販售的糖蜜栗子。

組合完成

6 等肉桂基底冷卻後，使用薄刀分離模具和基底。

7 在肉桂基底中央厚厚地抹上鮮奶油後，將熟栗子擺上去圍成一圈。

8 再次抹上鮮奶油，然後整理成圓拱形。

9 使用裝上蒙布朗花嘴的擠花袋，從下往上繞圓擠出栗子奶油醬，包覆整個蛋糕體。

10 最後可按照個人喜好用栗子或金箔裝飾即完成。

05

胡蘿蔔蛋糕

果醬、奶油醬和達克瓦茲層層堆疊，並用胡蘿蔔乾妝點成美麗造型。

胡蘿蔔和蘋果經由熬煮後製成了香甜果醬，

搭配以奶油起司與核桃製成的奶油醬，散發出濃郁又清爽的風味。

在討厭胡蘿蔔的小孩之間，依然是一款受歡迎的人氣點心。

胡蘿蔔蘋果醬

核桃奶油醬

肉桂胡蘿蔔基底

材料	● 肉桂胡蘿蔔基底	◌ 核桃奶油醬	◌ 胡蘿蔔蘋果醬

材料

：1 個：

（直徑 15cm 的圓形）

● 肉桂胡蘿蔔基底

蛋白 165g

杏仁粉 120g

糖粉 85g

砂糖 52g

低筋麵粉 15g

＋胡蘿蔔乾 30g

　　肉桂粉 1g

◌ 核桃奶油醬
（炸彈麵糊基底）

無鹽奶油 100g

砂糖 45g

蛋黃 30g

水 30ml

＋奶油起司 300g

　　核桃 80g

◌ 胡蘿蔔蘋果醬

胡蘿蔔 150g

蘋果 100g

砂糖 100g

檸檬汁 10ml

＊可依喜好準備胡蘿
蔔乾、迷迭香做裝飾。

準備基底

：肉桂胡蘿蔔基底：

- 依照「原味麵糊」的做法製作肉桂胡蘿蔔基底麵糊。 26p

  ：在過篩粉類材料時，一同加入肉桂粉。

  ：粉類材料過篩完後，再添加切碎的胡蘿蔔乾一同攪拌。

- 使用擠花袋將麵糊繞圓擠入 3 個直徑 15cm 的圓形模具中。

- 放入預熱至 180℃ 的烤箱中下層，調低至 165℃ 烘焙 18 分鐘。

- 將烘焙完成的肉桂胡蘿蔔基底完全放涼。

核桃奶油醬

1 依照「炸彈麵糊奶油醬」做法，製作 200g 的奶油醬冷卻備用。 35p

2 把預熱至 180°C 的烤箱調低至 165°C，將核桃切碎後放入烤箱烘焙 15 分鐘，烘烤完後取出放涼。

3 將事先放於室溫中軟化的奶油起司一點一點分次加入奶油醬中，並充分攪拌均勻。

4 再放入烤過的核桃碎混合，製成核桃奶油醬。

胡蘿蔔蘋果醬

5 將蘋果和胡蘿蔔洗乾淨後，用磨泥器磨碎。

6 將蘋果、胡蘿蔔和砂糖混合均勻後，使用中火加熱至砂糖融化、生成水分。

7 煮滾後調至小火，一邊加熱一邊持續攪拌至質地變得濃稠為止。

8 熄火並放入檸檬汁攪拌均勻，完全放涼即可。

組合完成

9 等肉桂胡蘿蔔基底冷卻後，使用薄刀分離模具和基底。

10 將胡蘿蔔蘋果醬薄薄一層地塗抹在其中一片肉桂胡蘿蔔基底上。

11 使用裝上 804 號圓形花嘴的擠花袋，將核桃奶油醬從基底中心點繞圈擠出。

12 再放上第二片肉桂胡蘿蔔基底，以同樣的方法疊上胡蘿蔔蘋果醬與核桃奶油醬。

13 再放上第三片肉桂胡蘿蔔基底，最後可按照個人喜好擠上核桃奶油醬，擺上胡蘿蔔乾、迷迭香等裝飾即完成。

SPECIAL CLASS

美味享用達克瓦茲的訣竅

呈現極致風味——達克瓦茲保存法

將達克瓦茲冷藏過後冰冰地吃最美味。裝入密封容器後放入冰箱冷藏，品嚐期限約 3 天。如果想要保存更久，可以放入冷凍庫冷凍，食用前 10 分鐘就先取出放在室溫下解凍，這樣才能維持美味度。由於放置時間越長，水分越會滲透進達克瓦茲內，所以建議先設想好食用的天數，再決定以冷藏或冷凍方式保存。

美麗甜點裝飾 —— 水果蔬菜乾燥法

以下介紹能將甜點裝飾得更華麗的蔬菜與水果的乾燥法，例如用來裝飾柳橙巧克力蛋糕的柳橙乾，就是使用這種方法做的。為了穩穩地固定水果乾或蔬菜乾，要先在達克瓦茲上方擠些剩下的奶油醬，再將水果乾或蔬菜乾切成合適的大小後固定上去，如此一來，達克瓦茲看起來就會更精緻高雅。如果將水果乾放入水果汽水中，也可以製造出清爽的口感和繽紛的顏色。

材料
砂糖 120g
水 110ml
水果或蔬菜 適量

1　將水果或蔬菜用食用蘇打粉洗乾淨後，切成薄片。

2　將水果片或蔬菜片放入用砂糖和水製成的糖漿中，浸泡 20 分鐘。

3　再將水果片或蔬菜片攤開鋪排在蔬果烘乾機上（擺放時注意不要交疊），以 60°C 烘乾約 7 ～ 8 小時。為避免蔬果乾受潮，烘乾後放入密封容器中保存。

　　Tip. 如果沒有蔬果烘乾機，可放入預熱至 60 ～ 65°C 的烤箱中，低溫烘焙約 7 ～ 8 小時。

安全儲存的果醬真空密封法

保有水果和蔬菜的口感，不會過於甜膩的手工果醬怎麼吃都不會膩。如果一次大量製作後儲存起來，就能多樣化地運用。不過因為所添加的砂糖比市售的果醬還少，也沒有添加防腐劑，建議把非馬上食用的量以真空密封方式保存會比較好。本書達克瓦茲食譜中使用的綜合莓果醬（P112）、燉蘋果（P108）、胡蘿蔔蘋果醬（P148），都適合用這種真空密封法保存。

1 將要拿來保存果醬的玻璃瓶洗乾淨後，倒扣放入裝水的鍋子中加熱。

2 在滾水中煮 5 分鐘消毒後，將瓶子晾乾、去除水分。

3 將剛做好的果醬趁熱放入玻璃瓶中，並蓋上瓶蓋，然後再次在滾水中煮 5 分鐘，使其呈現真空狀態即可。

破碎的達克瓦茲活用法

製作達克瓦茲時,如遇到基底碎掉或有多餘的情況時,
可把它打碎,再和堅果一起放入烤箱中烘焙。先將預
熱至 180°C 的烤箱調低至 165°C,烘焙 15~20 分鐘,
就可以烤出酥脆的口感。酥脆香甜的達克瓦茲和香濃
的堅果非常協調,是一款出色的點心。或者加入優格
或牛奶中,當成麥片享用也很美味。

Editor's Pick

DACQUOISE

　在兩年前的夏天，我偶然經過某間咖啡廳，在那裡與達克瓦茲初次相遇。與馬卡龍很相似又好像不太一樣的、陌生的達克瓦茲，在好奇心驅使下，我生平第一次品嚐了達克瓦茲。

　我原本想像著馬卡龍略微黏牙的口感，然而，咬下一口的那瞬間，所嚐到的口感與預想中完全不一樣，著實讓我吃了一驚。最先感受到的是酥脆外層，接著是濕潤的內層，然後是彷彿泡了牛奶般、香醇又濃郁的奶油醬。

　　從那之後，我為了品嚐美味又獨特的達克瓦茲，拜訪了各式各樣的甜點店。雖然讓我初次品嚐到達克瓦茲美味的那間咖啡廳做出的達克瓦茲也很出色，但是種類並不多，所以我開始尋找不同的甜點店，後來遇見了恩英老師的「Cafe Jangssam」。

　　「Cafe Jangssam」是以美味甜點出名的咖啡店，同時也是弘大知名的烘焙教室，而且從達克瓦茲還不像現在這樣流行的時期起，這裡販售的達克瓦茲就已經是高人氣的經典甜點。

　　恩英老師的達克瓦茲真的很有魅力。完美的基底加上保有食材原味的濃郁奶油醬,以及增添口感與層次的各式餡料,除此之外,超過數十種的達克瓦茲全都有各自的特色,每一款組合都非常好吃。

　　最後我說服恩英老師出版了這本書。在長久的反覆試驗中,最終把關於達克瓦茲的所有製作祕訣及美味的食譜,全都收錄於此。

在無數的甜點食譜中，這是唯一一本而且是第一本專門介紹達克瓦茲的食譜書。從喜歡烘焙的初學者，到構想咖啡廳菜單的主廚，希望所有人都能活用這本書。也期盼這款魅力十足的甜點——達克瓦茲，能受到比現在更多人的喜愛。

真心感謝毫不保留地分享人氣食譜及課堂祕訣，並且為了本書開發出新食譜的恩英老師。另外也想感謝從清晨開始，就為了拍攝而協助料理準備的恩英老師的媽媽，還有一天拍攝超過 10 小時，在數日間熱情地進行拍攝的金南賢攝影師，以及讓充實的內容變得美麗又易讀的韓熙貞設計師。

2018 年 9 月
THETABLE 計畫編輯團隊全體

台灣廣廈 國際出版集團
Taiwan Mansion International Group

國家圖書館出版品預行編目（CIP）資料

達克瓦茲【分層全圖解】：從零開始學職人級配方&不失敗技
巧，在家做出外酥內軟的甜蜜法式甜點！／張恩英著 . -- 初版 .
-- 新北市：台灣廣廈, 2019.04
　面；　公分
　ISBN 978-986-130-425-0
　1.點心食譜

　427.16　　　　　　　　　　　　　108002287

達克瓦茲【分層全圖解】

從零開始學職人級配方&不失敗技巧，在家做出外酥內軟的甜蜜法式甜點！

作　　　者／張恩英	編輯中心編輯長／張秀環
譯　　　者／張雅眉	編輯／許秀妃
	封面設計／曾詩涵・內頁排版／菩薩蠻數位文化有限公司
	製版・印刷・裝訂／東豪・弼聖・秉成

行企研發中心總監／陳冠蒨	線上學習中心總監／陳冠蒨
媒體公關組／陳柔彣	數位營運組／顏佑婷
綜合業務組／何欣穎	企製開發組／江季珊、張哲剛

發　行　人／江媛珍
法 律 顧 問／第一國際法律事務所 余淑杏律師・北辰著作權事務所 蕭雄淋律師
出　　　版／台灣廣廈有聲圖書有限公司
　　　　　　地址：新北市235中和區中山路二段359巷7號2樓
　　　　　　電話：（886）2-2225-5777・傳真：（886）2-2225-8052

代理印務・全球總經銷／知遠文化事業有限公司
　　　　　　地址：新北市222深坑區北深路三段155巷25號5樓
　　　　　　電話：（886）2-2664-8800・傳真：（886）2-2664-8801
郵 政 劃 撥／劃撥帳號：18836722
　　　　　　劃撥戶名：知遠文化事業有限公司（※單次購書金額未達1000元，請另付70元郵資。）

■ 出版日期：2019年04月　　　■ 初版14刷：2023年12月
ISBN：978-986-130-425-0　　　版權所有，未經同意不得重製、轉載、翻印。

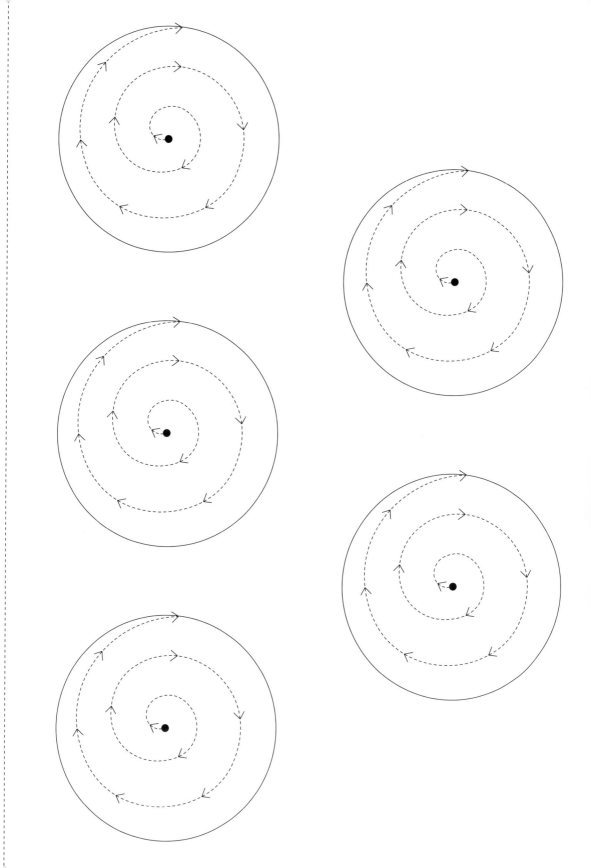

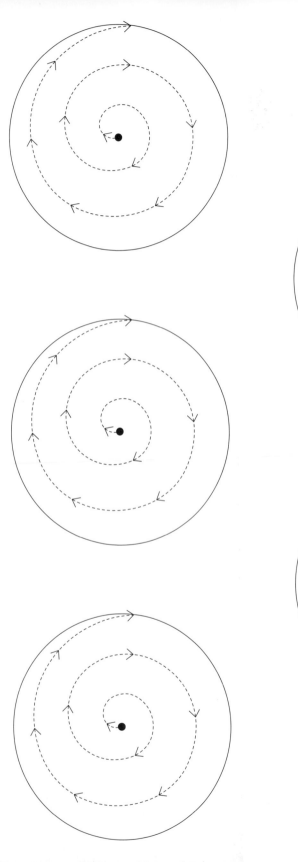
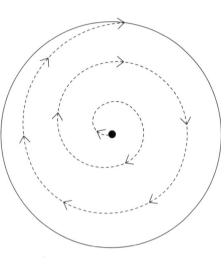
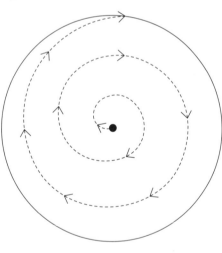